ESQUISSES

PHRÉNOLOGIQUES

ET

PHYSIOGNOMONIQUES.

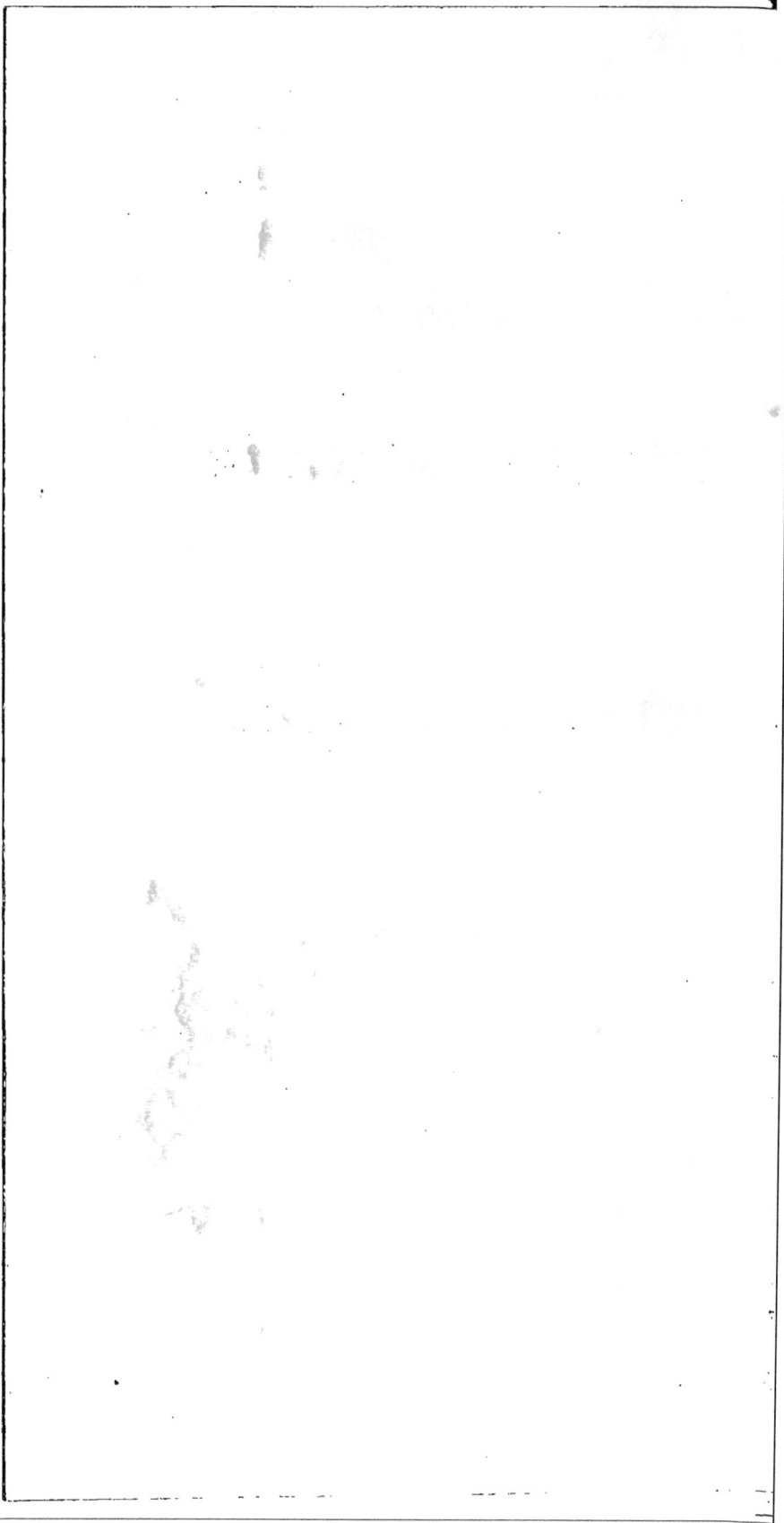

ESQUISSES
PHRÉNOLOGIQUES
ET
PHYSIOGNOMONIQUES,

OU PSYCHOLOGIE

des 𝕮ontemporains les plus célébres,

SELON LES SYSTÈMES DE

GALL, SPURZHEIM, DE LA CHAMBRE, PORTA ET J.-G. LAVATER,

Avec notes bibliographiques, remarques historiques, physiologiques et littéraires, extraites des meilleurs auteurs anciens et modernes, et quarante portraits d'Illustrations contemporaines,

PAR THÉODORE POUPIN.

TOME SECOND.

PARIS,

LIBRAIRIE MÉDICALE DE TRINQUART,
RUE DE L'ÉCOLE DE MÉDECINE, 9.

1836

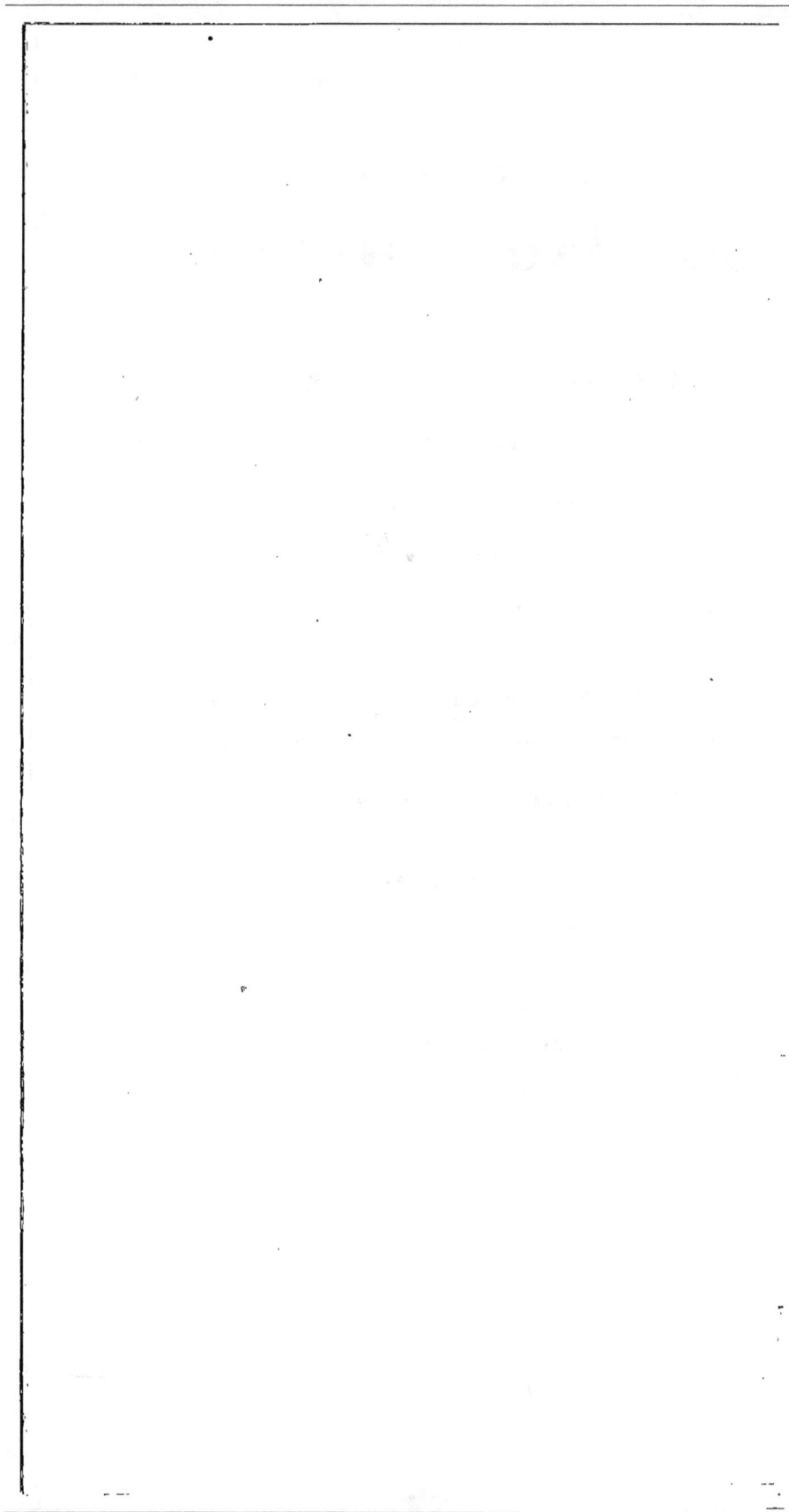

SECTION DEUXIÈME.

SPÉCIALITÉS

MENTALES.

APPLICATION DES PRINCIPES

PHRÉNOLOGIQUES

ET PHYSIOGNOMONIQUES.

ORDRE Iᵉʳ.

GENRE IIᵉᵐᵉ.

SENTIMENS.

Les onze espèces de facultés précédentes sont intérieures et donnent des désirs et des penchans ; les douze suivantes sont également intérieures et produisent des inclinations, mais elles manifestent encore des émotions de l'âme qu'on peut nommer *sentimens*, et qu'il faut sentir soi-même pour les connaître.

Les penchans sont principalement destinés à faire agir l'homme, les sentimens modifient les actions des penchans et produisent d'autres actions d'après leurs propres désirs.

X.

ESTIME DE SOI.

M. le D^r. Broussais

L'estime de soi est une des premières conditions
du bonheur.

DUCLOS.

Situé à l'endroit qui correspond au vertex
de la tête, au milieu de la suture sagitale, à la
partie postérieure supérieure, là où la tête
commence à décliner, le sentiment de l'Estime
de Soi est considéré par quelques phrénologistes comme un organe factice qui ne doit son
existence qu'aux circonstances sociales. Telle
n'était pas l'opinion de Spurzheim ; en effet,
l'estime de soi est souvent très-active et fort

souvent aussi en opposition avec les circonstances extérieures.

Nous avons dit dans la première partie de
ces esquisses (chapitre III, page 12) comment
l'infatigable docteur Gall découvrit, sur un
mendiant, cette faculté et le siège de son
organe.

L'Estime de Soi est une justice que l'on se
rend à soi-même. Ne faisons pas de fausse modestie! Pourquoi donc, l'homme qui a la
conscience de soi-même, n'aurait-il pas le
droit de s'estimer? L'Estime de Soi est le
premier droit de l'homme. Nos pères, qui
voulaient valoir quelque chose, avouaient hau-
tement ce qu'ils croyaient valoir; c'était, en
quelque sorte, un engagement solennel qu'ils
prenaient de n'être jamais au-dessous de l'opinion qu'ils donnaient d'eux-mêmes.

L'estime de Soi, chez certaines personnes,
est un puissant levier, sa force morale est in-
calculable! L'idée que les hommes ont de leur
excellence propre doit évidemment leur faire

exécuter de grandes choses; au contraire celui-
là, est incapable d'une noble action et d'un
grand dévouement, qui, dépourvu de l'Estime
de Soi, ne peut calculer ses forces.

L'âme la plus modeste est quelquefois aussi
la plus vaine. Ceci n'est point un paradoxe,
mais bien une observation plus sage, plus fon-
dée qu'elle ne semble de prime abord (1).

---

(1) Mentelli, par exemple, qui, comme Cassandre :

Passe l'été sans linge et l'hiver sans manteau.

Mentelli qui est assurément le plus gueux, le plus stoïque, le plus
instruit des savans de ce siècle, en dépit de cet aphorisme : c'est
le devoir de chacun de répandre les lumières qu'il croit posséder seul, quand, par leur nature, elles appartiennent à tous;
Mentelli, disons-nous, a constamment résisté aux instances qui
lui ont été faites de livrer à l'impression ses observations qui,
dit-on, sont des plus importantes.

— Mais, Mentelli, lui disait un aimable savant, vous voulez
donc être ignoré ?

Et nunc et semper !

a répondu laconiquement le nouveau Diogène, en lui tournant
le dos.

Marcus-Curtius est un exemple non de vanité, comme le pensent plusieurs historiens,
mais bien du dévouement sublime, du courage
héroïque, du désintéressement que l'Estime
de Soi peut produire.

De l'Estime de Soi à l'orgueil, à l'ostenta-
tion, à la présomption, à la vanité, il n'y a
qu'un pas et ce pas est glissant. Mais de quel
droit, je vous prie, voudriez-vous empêcher
le docteur Broussais, par exemple; ce grand
médecin, qui est en même temps un grand
écrivain, de s'estimer lui-même à sa juste valeur.

Cet homme, vraiment remarquable, autant par sa pauvreté
que par son savoir (il possède et parle, dit-on, presque toutes les
langues), consigne chaque jour ses travaux sur une ardoise et
les efface chaque soir.

> L'onde flotte après l'onde, et de l'onde est suivie ;
> Ainsi passe sa vie ;
> Ainsi coulent ses ans l'un sur l'autre entassés.

Mentelli ne laissera donc rien après lui; ne croyez pas que ce
soit par modestie, non; le XIXe. siècle est trop frivole pour lui !

Malheureusement il arrive souvent qu'à force de s'estimer un honnête homme tombe dans l'ambition, plus bas encore, dans la vanité!

Qu'importe après tout, c'est l'Estime de Soi qui a fait de M. le docteur Broussais le plus grand novateur et le premier médecin de notre époque; c'est, nous l'espérons, par l'Estime de Soi qu'il conservra cette prééminence.

La physiognomonie de M. le docteur Broussais est remarquablement identique avec celle de son maître et collègue, le docteur Gall; il y a de tout dans la figure de M. Broussais: finesse et savoir, éloquence persuasive, méditation, volupté, bonhomie et malice, indocilité aux idées émises, pente facile vers les systèmes personnels. Cette belle figure, est pensive comme celle de Gall, comme celle de Gall aussi, elle annonce une sagacité intime, un esprit investigateur. Comment cette ressemblance n'existerait-elle pas! Tous deux ne se sont-ils pas également montrés philosophes et observateurs profonds, écrivains

faciles et spirituels, tous deux n'ont-ils pas
fait preuve d'un grand génie. Où trouver une
plus belle, plus noble, plus désirable ressemblance?

XI.

APPROBATIVITÉ.

M. E. Scribe.

L'organe de l'Approbativité est situé à côté du précédent, à la partie postérieure et latérale de la tête.

L'homme doué, comme M. E. Scribe, le spirituel Marivaux de notre époque, de cet organe, est un homme, à coup sûr, ami des éloges et de toutes les distinctions, même les plus frivoles.

A quel point doit-on se laisser affecter par l'opinion d'autrui ? Question difficile à résoudre! Néanmoins, on peut admettre, comme règle, qu'il ne faut faire aucun cas de l'opinion des hommes. En effet, faire trop de cas du *qu'en dira-t-on* d'un sot ou d'un méchant, ne serait-ce pas accréditer la sottise et favoriser la méchanceté?

« Méprise l'opinion des gens qui ne jugent que par l'enveloppe, disait une mère à son fils; mais si des gens probes et instruits te censurent, fais un examen consciencieux, sévère, approfondi, de la partie de tes mœurs et de ta conduite qui est l'objet de leurs reproches. Ces hommes-là, crois-en ta mère, ne critiquent jamais sans une raison réelle ou vraisemblable. Ils peuvent se tromper, qui ne se trompe pas? mais leur sagesse et leur vertu méritent que tu te justifies à leurs yeux ainsi qu'aux tiens. »

On ne saurait nier la justesse de ce principe; tel nous semble, en effet, le point précis où l'homme sage doit céder à l'opinion publique pour ce qui regarde sa conduite et ses mœurs.

L'homme dominé par l'amour des louanges et de l'approbation, doit souvent être bien à plaindre. Oh qu'il doit souffrir, s'il est délicat, en voyant combien il y a de bassesse dans la plupart des louanges (1).

Il faut que ce besoin de l'approbation d'autrui, des éloges, des applaudissemens, soit irrésistible, puisque Racine, Voltaire, Rousseau et même le pieux Fénélon, n'ont pu s'en garantir; sa puissance est bien grande : elle a tué Chatterton et Gilbert!

Le penchant à l'Approbativité n'a rien de criminel en lui-même, mais combien d'actions ridicules n'a-t-il pas produites, combien n'a-t-il pas fait de sots et de fous?

Quant à l'amour des titres, des décorations, entre toutes les parties qui composent l'Appro-

---

(1) Il y aurait une espèce de férocité à rejeter indifféremment toutes sortes de louanges : l'on doit être sensible à celles qui nous viennent des gens de bien, qui louent sincèrement en nous les choses louables.

La Bruyère.

bativité, c'est, sans contredit, la plus sotte, la moins excusable; sans en excepter l'amour de la parure, monomanie mesquine, qui rétrécit l'âme et l'intelligence.

Nous ne traiterons pas de ces deux travers.

Noble et généreuse, l'émulation, cette passion des grandes âmes, nous porte à bien faire à l'imitation des autres et même à les surpasser, c'est le principe de la gloire.

L'Envie nait de l'Émulation; Locke, dans ses Essais sur l'Entendement humain, la définit ainsi : une inquiétude de l'âme causée par la considération d'un bien que nous désirons, lequel est possédé par une autre personne qui, à notre avis, n'aurait pas dû l'avoir préférablement à nous; d'où l'on peut conclure que l'envie est la plus basse, la plus noire, la plus honteuse, la plus cruelle des passions; c'est une lâcheté de l'âme : elle éteint tout sentiment d'honneur et d'humanité, elle fait, comme l'avarice, bien plus le tourment que la joie des cœurs qu'elle possède. C'est bien plus qu'un crime, c'est une honte !

L'Émulation et l'Envie ne se rencontrent
guère que chez les personnes d'une égale position ou d'une même profession. Si l'on compare l'une à l'autre, on comprend à l'instant
que l'envie est le sentiment déguisé, l'aveu
tacite d'une grande faiblesse ; qu'au contraire,
l'Émulation est la conscience de la force et
l'expression de la grandeur d'âme. Aussi, de
l'Émulation naissent les grands hommes, les
lâches ne comprennent que l'Envie.

Nous completterons le parallèle, en disant
que l'Émulation est la plus noble, la plus suave
des jouissances ; l'Envie, le plus cruel, le plus
incisif des tourmens.

Tels sont les divers élémens qui composent
l'Approbativité.

Nous avons dit précédemment que M. Scribe
aimait les louanges et les applaudissemens, ce
travers innocent est peut-être moins le fait de
son organisation que celui de ses flatteurs ; oui,
de ses flatteurs, (quel homme riche et puissant n'en a pas?) Ces caméléons lui répètent

sans cesse qu'il est le plus fécond, le plus spirituel, le plus riche, le plus aimé des auteurs
anciens et modernes. « *Le flatteur*, dit Sénèque,
réunit dans son caractère plusieurs vices in-
fâmes : il est fourbe en ce que son cœur ne
s'accorde pas avec ses lèvres ; il est lâche, parce
qu'il n'ose pas dire ce qu'il pense ; il est impie
en donnant de l'encens au vice ; enfin il est
l'ennemi secret de ceux dont il se dit ami,
parce que ses flatteries les entretiennent dans
leurs mauvaises habitudes. » Ce sont pourtant
de tels hommes qui répètent chaque jour à
M. Scribe : *O, cher Eugène ! tu es le roi des
auteurs ! rien n'est beau ! rien n'est compa-
rable à tes œuvres !!*

A les croire, M. Scribe est le plus beau fleu-
ron de la couronne académique.

> Qu'on prise sa candeur et sa civilité ;
> Qu'il soit doux, complaisant, officieux, sincère ;
> On le veut, j'y souscris et suis prêt à me taire.
> Mais que pour un modèle on vante ses écrits ;
> Qu'il soit le mieux renté de tous les beaux esprits ;
> Comme roi des auteurs, qu'on l'élève à l'empire ;

C'est beaucoup trop ; n'en déplaise au spirituel vaudevilliste, cela dépasse la permission ; nous avons lu dans la Rochefoucault : « Louer les princes des vertus qu'ils n'ont pas, c'est leur dire impunément des injures. »

Si la curiosité pousse M. Scribe à feuilleter ces esquisses, nous ne doutons pas qu'il nous sache bon gré de notre franchise, un peu brutale peut-être, mais les heureux du siècle entendent si rarement ce langage, qu'une fois par hasard ne saurait leur déplaire. Si M. Scribe n'est pas, à notre avis, le plus profond, le plus correct, le plus spirituel des académiciens et des auteurs passés, présens et futurs, nous nous plaisons à lui rendre cette justice qu'il a un sens assez droit, un cœur assez haut placé, un esprit assez sain pour préférer le blâme qui lui est utile à la louange qui le trahit.

> Qui est-ce qui ricane ?
> — Asmodée, qui dit : Ainsi-soit-il !

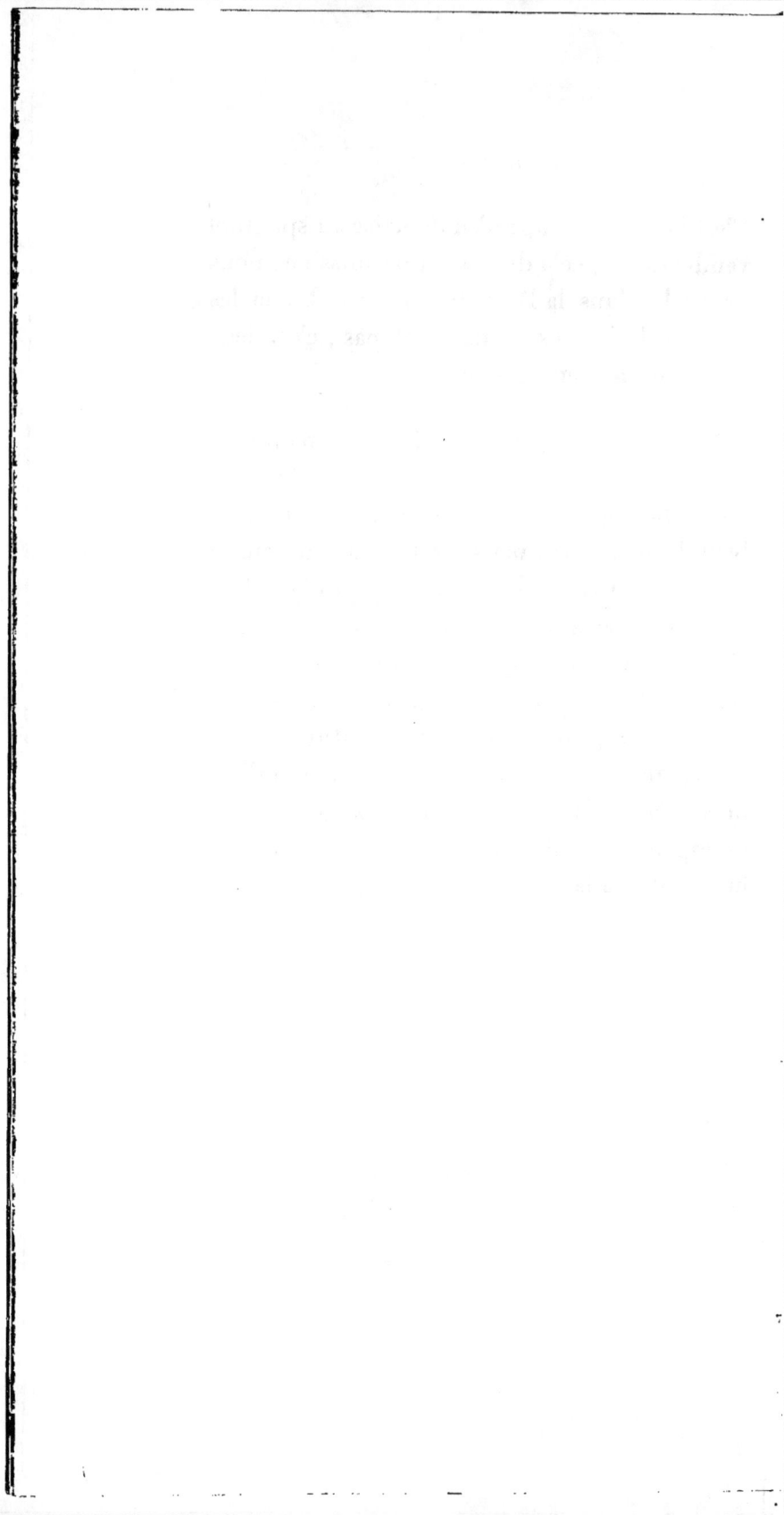

XII.

CIRCONSPECTION.

—◦—

M. Dupin, (aîné).

« Quiconque n'a pas de caractère n'est pas un homme,
c'est une chose. »

CHAMPFORT.

Cet organe qui aboutit au milieu de
chaque os pariétal, contribue à la conservation de l'individu ; c'est la circonspection
qui nous porte à prendre des précautions,
c'est elle qui retient l'activité des penchans
et bourdonne sans cesse à notre oreille ce
mot : *Prends-garde !*

La *Circonspection*, faculté essentiellement délibérante, est moins une passion qu'une vertu ; elle dirige notre ame, elle la protège contre les mouvemens irréguliers que pourraient lui imprimer les vices d'une organisation défectueuse ; elle assigne de justes limites aux actions morales, enfin c'est la raison perfectionnée de l'être vivant. Le hasard, la fortune ont leur part, sans doute, dans les choses humaines, mais il faut bien reconnaître aussi que la circonspection et le savoir-faire contribuent d'une manière active aux événemens de la vie.

Nous ne parlerons pas des différentes sortes de circonspections, mais nous dirons que ce sentiment nous porte à chercher et à conserver l'estime, la considération et l'amitié de nos semblables ; c'est lui qui donne une bonne direction aux mœurs sociales et fait naître aussi les égards, la politesse qui nous accueillent dans le monde, car l'homme du monde craint toujours de blesser celui qui pourrait un jour user de représailles envers lui ou ses proches.

Lorsque la Circonspection est très-active, elle engendre l'irrésolution, la mélancolie et l'hypocondrie, et si la Combativité est faible dans l'homme chez lequel ce sentiment prédomine, il en fait un poltron.

L'*Irrésolu*, c'est-à-dire l'homme sans caractère, sans énergie, sans volonté, marche assez ordinairement de faute en faute, de regrets en regrets, victime de sa complaisance, dupe de sa bonté, jouet méprisé des autres et de lui-même, on ne lui sait aucun gré de ce qu'il fait de bien, mais on lui attribue charitablement tout le mal que lui laisse faire sa faiblesse.

« L'homme sans résolution, dit l'Essai sur l'Emploi du Temps (1), peut avoir de l'esprit, mais il ne s'en sert que pour envisager avec effroi combien il manque d'*esprit de conduite,* et combien ses bonnes qualités, mal employées, lui sont funestes. Quiconque a observé son faible, prend sur lui de l'influence;

_____

(1) JULLIEN.

il cède toujours et n'a pas même à opposer la
force d'inertie. Il rougit de lui-même, son jugement et sa raison ne servent qu'à le dégrader
et à le décourager à ses propres yeux: l'Irrésolu
se trahit par sa bonté et par ses vertus, comme
le méchant par ses vices. Pourquoi faut-il que
l'homme faible, qui possède presque toujours
mille bonnes qualités, soit exposé, pour une
seule qui lui manque, au mépris d'autrui et
de lui-même? la capacité de vouloir ou la volonté qui constitue et qui fait la force morale
de l'homme, une certaine fierté intérieure qui
se révolte du sentiment d'une pénible et conti-
nuelle dépendance, résultat nécessaire d'un
caractère faible; la conscience d'une supériorité réelle de talent et d'un mérite distingué,
qui rend plus affreux l'avilissement où nous
condamne la faiblesse du caractère, ajoutent
au supplice de celui qui n'a pas su se créer
un caractère à lui, pour se diriger, pour maî-
triser sa fortune et se faire également respecter
de ses inférieurs, de ses égaux et même de ses
supérieurs. »

La *mélancolie* et l'*hypocondrie*, terribles dérivations de la Circonspection, flétrissent notre ame et nous ôtent la force nécessaire pour vaquer à nos plaisirs ou à nos occupations ; elles enrouillent et moisissent l'âme, et comme dirait Charron : elles abâtardissent tout l'homme, endorment et assoupissent son courage, lorsqu'il se faudrait éveiller pour s'opposer au mal qui le mine et le presse.

La *peur* est fille de l'incertitude, elle nait, s'accroit et meurt avec notre existence. Il y a bien des sortes de peur, et bien des différences dans la peur: l'un a la peur des orages, l'autre celle des épidémies; celui-ci a la peur du présent, celui-là celle de l'avenir; Adolphe a peur de la vie, Paul a peur de la mort ; l'un défaille à la vue d'une souris, l'autre à l'aspect d'un chat.

Et comment en serait-il autrement? on nous berce, on nous gouverne par la peur; il semble que nous n'arrivons dans le monde que pour sentir et inspirer cette funeste et pénible sensation. Voyez dans les campagnes, ne se plait-on pas à la développer de bonne heure chez les

enfans, par des histoires de revenans et cent
autres contes plus absurdes encore.

La sensation de la peur tourmente l'homme
jusque dans son sommeil; un accès de cauche-
mar n'est souvent qu'un accès de peur.

Il n'est pas nécessaire que le danger soit certain, pour que la peur prenne naissance dans
le cœur de l'homme, il suffit qu'il soit probable; ainsi, nous avons vu, dans le trajet d'Aix
à Marseille, des voyageurs trembler, parce
que huit jours avant le courrier avait été dévali-
sé. La peur s'empare de nous à l'idée des maux
dont nous nous trouvons individuellement
garantis : à l'époque désastreuse du choléra,
revenant du spectacle avec un de nos oncles,
nous rencontrâmes un moribond qu'on trans-
portait à l'ambulance ; notre compagnon fut
tellement effrayé, que, lorsque nous ren-
trâmes, il fut obligé de changer de linge ; il
était inondé d'une sueur froide ; le matin,
nous trouvâmes encore son lit tout trempé,
et pourtant il avait quitté Paris à quatre
heures du matin, sans dire adieu à per-

sonne. Nous avons éprouvé une pareille sensation à Nismes, un jour qu'étant impru-
demment grimpé sur la plate-forme des arènes,
par un vent furieux, nous fûmes obligé de
nous jeter à plat-ventre pour n'être pas préci-
pité du haut en bas.

Aussi intimes, aussi profondes que soient
les impressions de la peur, elles se décèlent
néanmoins par des signes extérieurs et sensibles, rien n'enlaidit le visage comme l'état
habituel de contrainte où elle jette l'homme.
M. Alibert prétend que le Paria de l'Inde
a les traits hideux, et qu'il est difficile
d'en supporter l'aspect; nous n'en doutons
pas, parce qu'il suffit pour se convaincre que
les impressions de la peur sont extérieures et
sensibles, de feuilleter les caractères des passions pris sur les dessins de Le Brun.

Revenons à la circonspection et à son type :
en voyant ce front plein d'idées grandes et
solides, cet œil qui perce la surface des objets,
l'expression de goût et d'élégance qui règne
autour de la bouche et surtout l'ensemble

du visage où la nature a écrit en caractères physiognomoniques, *Circonspection* et *habileté;* en observant aussi la position horizontale des yeux, qui annonce du calme et de la confiance, il est impossible de ne pas reconnaître M. Dupin l'aîné.

XIII.

BIENVEILLANCE.

M. de Béranger.

> Il est un Dieu, devant lui je m'incline,
> Pauvre et content, sans lui demander rien
> De l'univers observant la machine,
> J'y vois du mal et n'aime que le Bien.

Cet organe est situé à la partie supérieure médiane de l'os frontal.

Gall ne songeait guère à examiner les têtes sous le rapport de ce que nous nommons bienveillance ou bonté du cœur, lorsqu'à Vienne on le pria de mouler la tête d'un vieux serviteur qui, toute sa vie, avait fait preuve d'une bonté, d'une bienveillance exemplaires ; le bon docteur, qui ne savait rien refuser, obtempéra à cette demande et fit bien , car ce fut sur ce crâne qu'il découvrit l'organe que nous signalons.

On croit généralement que la bienveillance résulte de l'absence du courage; cela peut être, mais cela n'est pas toujours. Combien d'hommes courageux , querelleurs, ne voyons-nous pas donner des preuves de bienveillance et de bonté.

Un soir d'été, le grand, le valeureux Turenne était, en petite veste blanche et en bonnet de coton , appuyé sur le balcon d'une fenêtre , un domestique, le prenant pour le cuisinier, lui appliqua, avec force, la main sur l'épaule. Turenne, surpris de cette familiarité, se retourne ! Le valet, confus, se jette à ses pieds, lui demande pardon de son erreur, lui jurant qu'il l'avait pris pour Jacques. « Eh ! quand c'eût été Jacques, dit Turenne, il ne fallait pas frapper si fort. »

La Bienveillance est une inspiration primi-
tive de l'ame, nécessaire à l'existence et à
l'harmonie du corps social (1). Rien n'est plus
rare, après l'amitié, que la véritable bienveillance ; ceux mêmes qui croient la posséder,
n'ont, le plus ordinairement, que de la complaisance ou de la faiblesse. Dans le monde,
on accole l'adjectif bon ou bonne, aux noms de
toutes les personnes, sans avoir égard si ce
titre qui est, à notre avis, le premier des
titres, leur est applicable. On dit aujourd'hui
mon bon Paul, mon bon Jules, comme on disait autrefois mon cher Paul, mon cher Jules.
Peut-on bien prostituer ainsi la qualité la plus
flatteuse, celle qui honore le plus la divinité !
Larochefoucault a dit avec raison : « Celui-là
seul mérite le titre de bon, qui sait s'armer de
sévérité contre le vice ; autrement la bonté
n'est qu'une faiblesse de l'ame ou une paresse
de la volonté. » Il est vrai qu'en suivant ri-
goureusement cette maxime pleine de sens,

---

(1) Physiologie des passions.

le mot *bon* ne tarderait pas à aller rejoindre

> Ces nobles mots : *moult, ains, jaçois,*
> *Ores, adonc, maint,* etc.,
> Comme étant de mauvais françois (1).

La Bienveillance se manifeste assez généralement par des signes extérieurs, que personne ne peut méconnaître ; on voit par le portrait de notre grand poète national Béranger, qu'elle imprime à tous les traits du visage la plus agréable sérénité. Les yeux de l'homme bienveillant s'animent, son front se dilate, son visage se colore légèrement, ses lèvres s'entr'ouvrent, les muscles de ses joues se contractent avec grâce et douceur, enfin toute sa physionomie s'épanouit comme pour donner cours au contentement de son ame.

Le sourire n'est pourtant pas infailliblement l'indice de la bienveillance ; chez certains hommes..... imprudent, qu'allions-nous

---

(1) Ménage (Critique de Mlle. de Gournay).

faire? N'arrachons pas à l'hypocrite le masque dont il couvre sa turpitude.

A peu d'exceptions près, le sourire est le témoignage le moins équivoque du calme et de la bonté de l'âme.

La Bienveillance est de toutes les religions et de tous les pays, parce qu'elle est essentiellement inhérente à notre nature. Il est digne de remarque que les peuples simples et ignorans sont précisément ceux chez lesquels la Bienveillance est plus sincère et plus énergique. Le sauvage habitant de l'Inde, au dire des voyageurs, ne laisse point passer le plus pauvre piéton sans lui offrir l'ombre de sa hutte et le vin de son palmier. N'est-ce pas une preuve que Dieu nous a créés bons et que les passions, en nous empêchant de parvenir jusqu'à nous; nous laissent ignorer ce que nous sommes?

Arrivons à Béranger, à l'homme que nous aimons et que nous estimons le plus au monde, à cette ame à part, la plus belle, la plus noble, la plus sainte, la plus confiante qui soit sortie

des mains du créateur. Parlons de Béranger,
du poète homme de bien, qui voit dans tout
homme un homme de bien, pythagoricien qui
tremble au mot désordre, génie sans ambition
comme sans 'orgueil ; ame généreuse et bienveillante qui souffre et ne se 'plaint pas, qui
pardonne, console et s'humilie ; s'humilie !
lui, le poète national, le géant de dix coudées!

Le front, le sourcil et l'œil de Béranger
n'indiquent pas l'homme né pour briller dans
la carrière des armes, tant s'en faut, mais on
comprend facilement qu'il puisse :

> Penser avec solidité
> Et d'un style brillant et sage,
> Oser écrire *avec courage*
> Ce que son génie a dicté.

Quelle sécurité, quelle candeur dans son regard! Qui oserait accuser Béranger de fausseté?
Examinons attentivement son front et la merveilleuse précision de ses contours, et conve-
nons avec franchise que cette figure n'est pas
d'un homme ordinaire, qu'elle indique dans

l'ensemble et dans chaque partie séparée, un
poète judicieux, honnête et sincère; un esprit
calme, un cœur incapable d'artifice; enfin un
homme qu'il faut aimer de gré ou de force,
pour sa douceur et sa modestie.

Quelle aisance dans la bouche, quel aimable
naturel, que de calme et de bonté! Tous ces
traits ne disent-ils pas? « *O vous qui êtes mal-*
heureux, venez à moi, le cœur du poète vous est
ouvert! » Nous en appelons au physionomiste
le moins exercé, à l'œil le plus partial, ne
retrouve-t-on pas dans le menton et même
dans le négligé de la cravate un air de bonhomie, de probité et de franchise? Tout séduit,
dans cet homme, tout, jusqu'à l'arrangement
et la chute des cheveux en boucles longues et à
demi-formées.

Béranger est le type de la vraie sagesse. Chez
lui, c'est bien plus le cœur qui pense que la
tête. Chose inouïe, fait sans exemple: l'envie,
la calomnie, les passions les plus haineuses enfin, tombent désarmées et s'abaissent silen-
·uses devant ce nom plébéien.

3

On peut dire de Béranger, ce que Rieu-
peroux dit du sage :

Il vit content de la fortune,
Quelque part que le ciel l'ait mis ;
Jamais sa plainte n'importune
Ni les princes, ni ses amis.

Il ignore le vil commerce
Que les hommes font de leur cœur,
Et ne sait pas comment s'exerce
L'infâme métier de flatteur.

Tous ses desseins sont légitimes
Et conformes à la raison ;
Il est toujours juste, et des crimes
Il ignore même le nom.

Dégagé de toute contrainte,
Le repos fait tout son plaisir,
Et, content, il voit tout sans crainte,
Parce qu'il voit tout sans désir.

Il jouit d'une paix profonde,
Que nul remords ne peut troubler,
Et la chute même du monde
Ne saurait le faire trembler.

Elu du Dieu des bonnes gens, ta voix s'éteint;
nous n'entendons plus tes chants joyeux. Oh!
Béranger, poète chéri, pourquoi ne plus chanter, ton ame est si jeune encore?

Reprends ton luth; reviens sous l'égide de
ta bonne fée, narguant les méchans et les sots,
ajouter, par de gais refrains, d'heureux jours
à tes beaux jours, et fêter, parmi nous, l'honneur, les arts, la folie, les amours, la gloire;
cette gloire du poète sans tache, dont l'auréole
étincelle pour toi si grande et si belle!

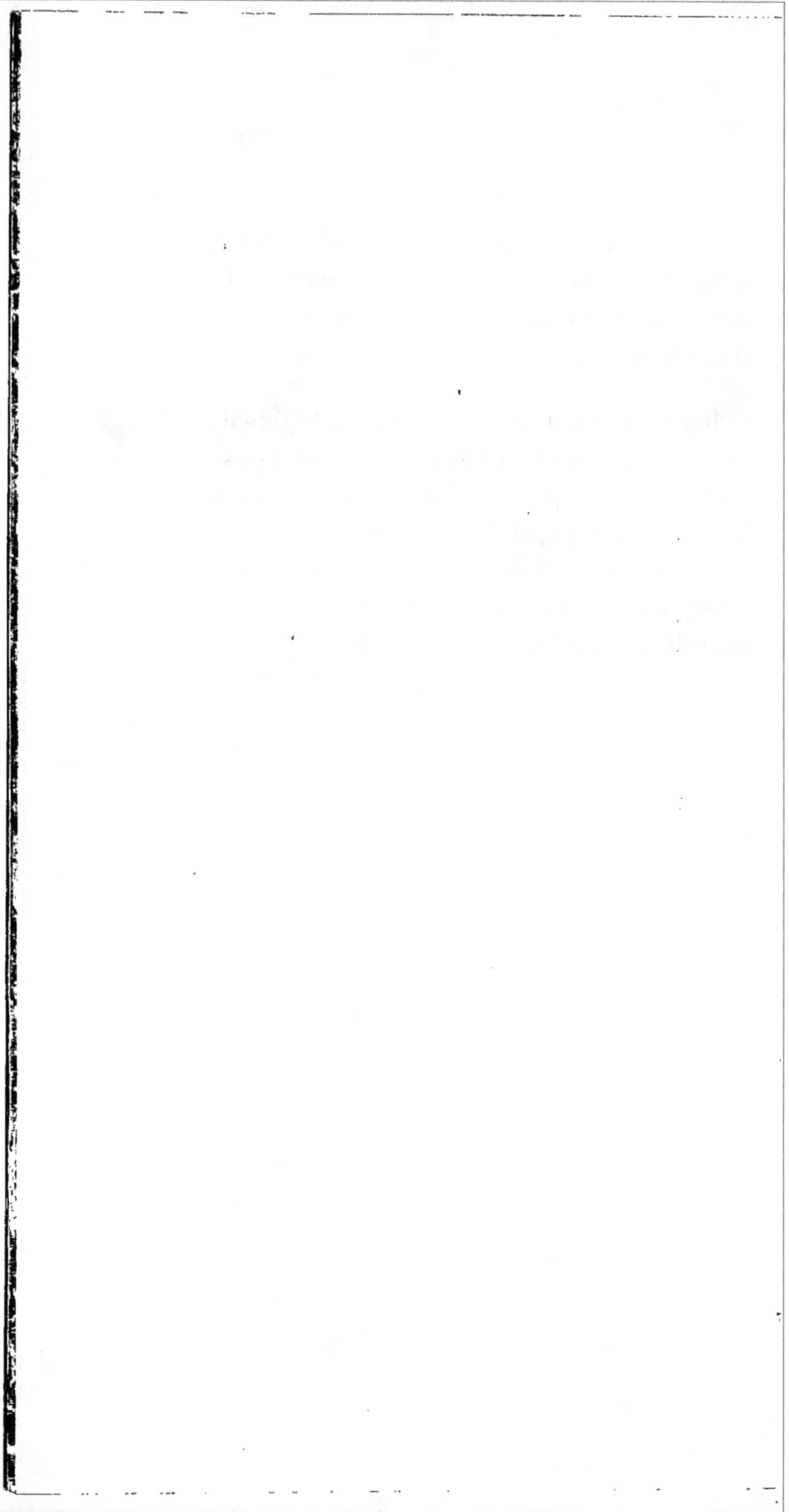

XIV.

VÉNÉRATION.

M. de Lamartine.

La *Religion* est plus dans le cœur qu'elle ne parait au dehors. La *Piété* est dans le cœur et parait au dehors. La *Dévotion* parait quelquefois au dehors sans être dans le cœur.

GIRARD.

Que tes temples, Seigneur, sont étroits pour mon ame !

LAMARTINE.

On ne peut nier qu'il y ait une organisation cérébrale spéciale pour les hommes vénérans. Gall et Spurzheim enseignent que cette faculté aboutit à l'endroit qui correspond à la fontanelle chez les jeunes enfans, dans la ligne médiane, aux angles antérieurs supérieurs des

os pariétaux, en arrière de l'orgne de la bienveillance; telle est en effet sa position organique. Pour son application, elle est morale
ou religieuse; *morale,* si elle se fait aux
hommes; *religieuse,* si elle est dirigée vers
l'être suprême.

Nous entendons les détracteurs de la science
phrénologique s'écrier: Quoi, vous admettez
un organe de la religion, vous reconnaissez un
Dieu! Et sans doute, nous admettons une faculté religieuse, un penchant à la religion;
néanmoins remarquez qu'ici le mot religion
n'est pas pris dans un sens objectif, qui signi-
fie le culte que nous devons à la divinité et le
tibut de dépendances que nous lui rendons,
mais dans un sens formel qui marque une
qualité de l'ame et une disposition de cœur à
l'égard de Dieu. Oui, les Phrénologistes admettent un Dieu, et pourquoi, je vous prie,
en serait-il autrement?

> De sa puissance immortelle
> Tout parle, tout nous instruit.
> Le jour au jour la révèle,
> La nuit l'annonce à la nuit.

La Phrénologie n'est pas une étude maudite?
Elle ne conduit pas à douter de l'existence de
l'infini ; au contraire, elle démontre mathématiquement aux gens sensés, qui s'occupent de
ses principes, cette grande vérité : que toute
existence, que tout phénomène émane de l'é-
ternel, et que la création toute entière, avec
ses soleils et ses mondes, n'est que l'auréole de
ce grand être.

Ne pouvant raisonnablement combattre les
doctrines phrénologiques, l'ignorance les a
qualifiées d'immorales ; elle a cherché à flétrir
les hommes de cœur qui s'en sont déclarés les
champions. Un jour elle a dit à un Phrénologiste : qu'est-ce que Dieu? et parce qu'il n'a
pu le définir, parce qu'il a répondu, avec Lin-
née : *Dieu, c'est le destin, la nature et la providence* ; l'ignorance a stupidement accusé la
Phrénologie de conduire à l'athéisme, comme
s'il pouvait exister encore des athées? Si, ne
pas pouvoir définir Dieu, c'est être athée, oh!
alors nous sommes un Spinosa, car il nous serait bien impossible de le faire. *Dieu est*, nul
n'en peut douter, mais c'est aussi tout ce qu'on

en peut dire. Il n'est rien de ce que nous voyons, parce qu'il est le créateur de tout ce que nous voyons; il est tout ce que nous voyons, parce qu'il enferme tout dans son essence infinie (1).

La Phrénologie et la Physiognomonie, plus que toute autre science, enseignent à tout rapporter à Dieu : d'abord en nous rappelant à chaque instant combien nous sommes imparfaits, puis en nous prouvant que nous ne subsistons que par sa volonté, enfin, en nous démontrant journellement que chercher quelque chose hors de lui, c'est explorer le néant.

A la vérité, les Phrénologistes respectent également toutes les religions; ils mettent en pratique ce conseil que le pieux Fénélon donnait à son élève le duc de Bourgogne : « *Souffrez toutes les religions, puisque Dieu les souffre.* » Mais il y a loin de cette tolérance à l'athéisme. En effet, toutes les religions ne

---

(1) BOSSUET.

sont-elles pas fondées sur une même croyance, toutes n'ont-elles pas pour mobile l'intérêt moral de l'homme? Le Phrénologiste est *éclectique;* pour lui, toute église, tout temple, toute enceinte où se rassemblent les hommes, pour rendre hommage au créateur, est, par cela seul, sanctifié et respectable.

Mais supposons un moment que parmi les hommes honnêtes qui étudient de bonne foi les doctrines de Gall et Lavater, il s'en trouvât quelques-uns qui méconnussent cette grande et sublime vérité d'un Dieu maître et conservateur de notre vie, d'un Dieu qui embrasse toute la nature et tous les temps, dont la justice atteint le scélérat impuni dans ce monde; d'un Dieu qui récompense et devant qui toute grandeur est abaissée; faudrait-il pour cela les marquer au front comme Ahasvérus? Non, non, Jésus-Christ l'a dit : *ce sont des voyageurs égarés, il faut les aimer.* Et lors même que notre divin Sauveur n'aurait pas émis cette sublime maxime, agir autrement, ce serait assurément méconnaître les lois divines; car si toutes les religions sont d'accord pour

déplorer cette erreur qui ôte à l'âme toute
consolation pour une autre vie, dans les maux
dont celle-ci est semée, elles sont unanimes
aussi pour commander l'amour et la pitié envers ceux qui en sont les victimes.

Résumons-nous, en disant avec l'auteur de
l'Esprit philosophique (1), qu'il n'y a que la
religion qui puisse être la vie du cœur et de
la conscience.

> C'est le sacré lien de la société ;
> Le premier fondement de la sainte équité ;
> Le frein du scélérat, l'espérance du juste.
> Si les cieux, dépouillés de leur empreinte auguste,
> Pouvaient cesser jamais de la manifester ;
> Si Dieu n'existait pas, il faudrait l'inventer !

L'organe de la Vénération ne prédispose pas
seulement aux sentimens religieux, il donne un
caractère respectueux et imprime un cachet dis-
tinctif à l'amour des enfans pour leurs parens.

---

(1) PORTALIS.

Quand l'organe de la Vénération est grand
comme chez MM. de Lamartine, de Béranger
et de Châteaubriand, il porte ordinairement à
l'humilité ; dans ce cas, il se combine avec
l'estime de soi qui doit être alors médiocre-
ment développée.

L'amour de Dieu, celui de nos parens qui
le représentent ici-bas, et l'humilité jaillissent
d'une même source; cependant on les rencontre
rarement réunis chez le même individu. Aussi
croyons-nous bien mériter du lecteur en lui
mettant sous les yeux un fragment qui peint
tout entier le poète, qui, par sa douce philosophie et sa logique pieuse, semble avoir
pris à tâche de justifier, par ses écrits, cette
belle croyance de Milton :

      « Human face divine. »

C'est M. de Lamartine qui écrit: (1)

« Pour m'expliquer à moi-même comment,

---

(1) *Voyage en Orient*, Tom. 1er, Page 22.

touchant à la fin de ma jeunesse, à cette époque de la vie où l'homme se retire du monde idéal pour entrer dans le monde des intérêts matériels, j'ai quitté ma belle et paisible existence de Saint-Point et toutes les innocentes délices du foyer domestique, charmé par une femme, embelli par un enfant, je me dis: ce pèlerinage, sinon de chrétien, au moins d'homme et de poète, *aurait tant plu à ma mère!* Ce voyage, du fils qu'elle aimait tant, doit lui sourire encore *dans le séjour céleste où je la vois;* elle veillera sur nous, elle se placera comme une seconde providence entre nous et les tempêtes, entre nous et le simoun, entre nous et l'arabe du désert! Elle protégera contre tous les périls un fils, sa fille d'adoption et sa petite-fille, ange visible de notre destinée, et s'il y a imprudence dans cette entreprise, *elle me le fera pardonner là-haut,* en faveur des motifs qui sont : amour, poésie et religion. »

Nous avons dit (page 7, section première) qu'il nous arriverait souvent de présenter, à côté de simples sensations des observations

précises ; mais que, souvent aussi , laissant à
de plus judicieux que nous le soin de chercher
dans le visage de l'homme les moindres nuances du caractère , nous laisserions agir son esprit et son cœur. L'occasion est venue, lecteurs,
laissez parler votre cœur, élevez-vous jusqu'à
ce génie sublime; pour nous , nous ne saurions
y atteindre.

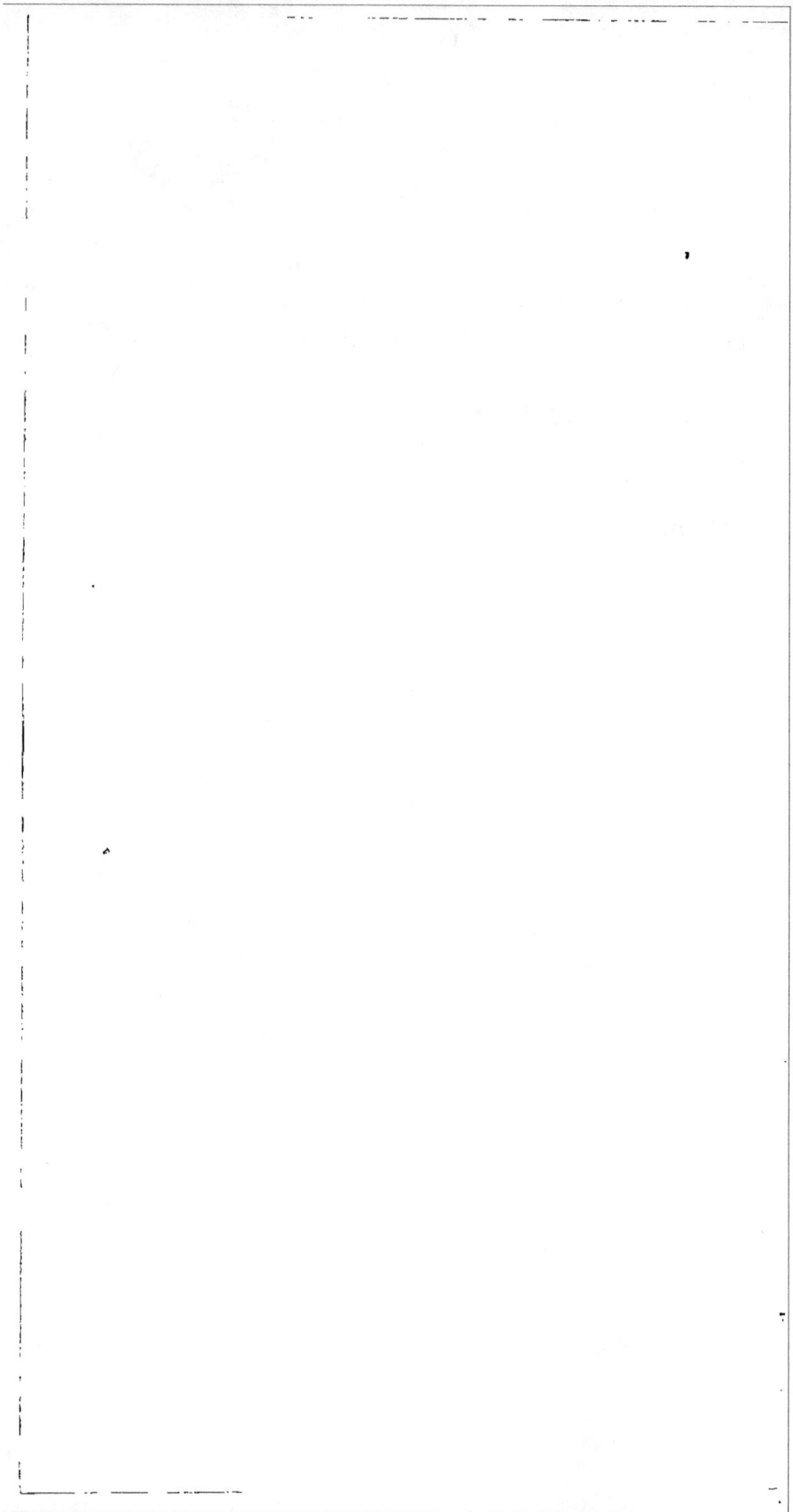

XV.

FERMETÉ. — CONSTANCE.

Boissy d'Anglas. le Bon Pasquier.

« Chez tous les peuples qui ont une grande
mobilité, la fermeté est plus rare que le courage. »

DE LÉVIS.

La Fermeté aboutit au sommet de la tête,
entre la vénération et l'estime de soi ; cet organe
donne de la constance et de la persévérance aux
autres facultés.

La Fermeté, c'est le courage qui nous fait
obéir à la raison ; disons mieux ! la Fermeté,
c'est la volonté. La constance est une persé-
vérauce dans ses goûts.

L'homme qui sait vouloir résiste à toute force étrangère ; l'homme constant n'est point ému par de nouveaux objets, il suit le même penchant qui l'entraine également. On peut être constant en condamnant soi-même sa constance. Celui-là est ferme que la crainte des disgrâces, de la douleur et de la mort même ne peuvent écarter du parti qu'il a jugé le plus raisonnable et le plus honnête.

Vous vous rappelez le beau portrait du stoïcien dans Horace, le juste inébranlable sur les débris du monde :

> Si fractus illabatur orbis
> Impavidum ferient ruinæ (1).

Dans les difficultés et les obstacles, l'homme ferme est soutenu par sa raison ; il va toujours au même but. L'homme constant est conduit par son cœur.

Boissy-d'Anglas, voilà l'homme ferme; M. le

---

(1) . . . . . L'univers tomberait en éclats,
Le choc de ses débris ne l'ébranlerait pas.
                                    MA...

baron Pasquier, voilà l'homme constant. Ce sont deux grands noms que nous réunissons-là, *Boissy-d'Anglas* et *Pasquier!*

Boisssy-d'Anglas,

> **Ma**gistrat irréprochable,
> Ennemi constant des abus.

M. le baron Pasquier,

> Philosophe respectable
> Ami des talens, des vertus.

Nous donnons ici l'esquisse de la révolte de Prairial, parce que c'est un de ces événemens qui décèlent cent fois mieux l'homme ferme et courageux que toutes les protubérances, que tous les signes physiognomoniques possibles. C'est peut-être un des plus beaux exemples de fermeté dont puisse s'enorgueillir notre histoire. Ces pages merveilleuses, tour à tour graves et éloquentes, qui sont l'œuvre d'un écrivain d'un immense talent et d'un sens admirable, prouvent mieux que toutes les théories du monde, combien la fermeté et le courage sont désirables dans les temps de passions et de haines politiques:

« Les patriotes déjoués récemment dans une tentative pour mettre les sections en permanence, sous le prétexte de la disette, conspiraient dans différens quartiers populeux, et avaient fini par former un comité central d'insurrection composé d'anciens membres des comités révolutionnaires. Ils firent imprimer, le 30 floréal au soir (19 mai 1795), et répandre dans Paris, un manifeste au nom du peuple souverain rentré dans ses droits. Dès le lendemain premier prairial (20 mai), à la pointe du jour, le tumulte était général dans les faubourgs Saint-Antoine et Saint-Marceau, dans le quartier du Temple, dans les rues Saint-Denis, Saint-Martin, et surtout dans la Cité. Les patriotes faisaient retentir toutes les cloches dont ils pouvaient disposer, ils battaient la générale et tiraient le canon. »

« Dans ce même instant le tocsin sonnait au pavillon de l'Unité par ordre du comité de Sûreté générale, et les sections se réunissaient. Le rassemblement, grossissant toujours, s'avançait peu à peu vers les Tuileries. Une foule de femmes, mêlées à des hommes ivres, et

criant : Du pain et la Constitution de 93 ! des
troupes de bandits armés de piques, de sabres
et d'armes de toute espèce ; des flots de la plus
vile populace ; enfin quelques bataillons de
sections régulièrement armés , formaient ce
rassemblement, et marchaient sans ordre vers
le but indiqué, la Convention. Vers dix heures,
ils étaient arrivés aux Tuileries ; ils assiégeaient
la salle de l'assemblée, et en fermaient toutes
les issues. »

« Les Députés étaient à leur poste ; ils ne
connaissaient le mouvement que par les cris
de la populace et le retentissement du tocsin.
L'assemblée à peine réunie, un Député vient
lire le manifeste de l'insurrection : les tribunes,
occupées de grand matin par les patriotes,
retentirent aussitôt de bruyans applaudissemens. En voyant la Convention ainsi entourée,
un membre s'écria qu'elle *saurait mourir à
son poste*. Aussitôt les Députés se levèrent en
répétant : Oui ! Oui ! Dans ce moment, on entendait croître le bruit ; on entendait gronder
les flots de la populace. Tout à coup on voit
fondre un essaim de femmes dans les tribunes ;

elles s'y précipitent en foulant aux pieds ceux
qui les occupent, et en criant : Du pain! Du
pain! Le président Vernier *se couvre*, *et leur
commande le silence;* mais elles continuent à
crier : Du pain! Du pain! Les unes montrent
le poing à l'assemblée, les autres rient de sa
détresse. Une foule de membres se lèvent pour
prendre la parole ; ils ne peuvent se faire
entendre. Ils demandent que le président fasse
respecter la Convention. Le président ne peut
y réussir. André Dumont succède à Vernier
et occupe le fauteuil. Le tumulte continue. Les
cris : du pain! du pain! sont répétés par les
femmes qui ont fait irruption dans les tribunes. André Dumont déclare qu'il va les faire
sortir ; on le couvre de huées d'un côté, d'applaudissemens de l'autre. Dans ce moment on
entend les coups violens donnés dans la porte
qui est à gauche du bureau, et le bruit d'une
multitude qui fait effort pour l'enfoncer.
Les ais de la porte crient, et des plâtres tombent. Le président, dans cette situation périlleuse, s'adresse à un général qui s'était présenté à la barre avec une troupe de jeunes gens
pour présenter une pétition fort sage, et lui

donne le commandement provisoire de la force-
armée. Le général, chargé de veiller sur la Convention, rentre avec une escorte de fusiliers et
plusieurs jeunes gens qui s'étaient munis de
fouets de poste. Ils escaladent les tribunes et
en font sortir les femmes, en les chassant à
coups de fouet. Elles fuient en poussant des
cris épouvantables, et aux grands applaudissemens d'une partie des assistans. »

« A peine les tribunes sont-elles évacuées,
que le bruit, qui avait cessé à la porte de
gauche, redouble. La foule est revenue à la
charge; elle attaque de nouveau la porte qui
cède à la violence, éclate et se brise. Les membres de la Convention se retirent dans les
bancs supérieurs; la gendarmerie forme une
haie autour d'eux pour les protéger. »

« Aussitôt des citoyens armés, des sections,
accourent dans la salle, par la porte de droite,
pour chasser la populace. Ils la refoulent d'a-
bord et s'emparent de quelques femmes; mais
ils sont bientôt ramenés à leur tour, par la
populace victorieuse. Heureusement la section

de Grenelle, accourue la première au secours
de la Convention, arrive dans ce moment, et
vient fournir un utile renfort. Le député Auguis était à sa tête, le sabre à la main. « En
avant! s'écrie-t-il.... » On se serre, on avance,
on croise les baïonnettes, et on repousse, sans
blessure, la multitude des assaillans qui cède à
la vue du fer. On saisit par le collet l'un des révoltés; on le traîne au pied du bureau; on le
fouille, et on lui trouve ses poches pleines de
pain. Il était deux heures; un peu de calme se
rétablit dans l'assemblée. »

« Cependant la foule augmentait autour de
la salle. A peine deux ou trois sections avaient-
elles eu le temps d'accourir et de se jeter dans
le Palais-National; mais elle ne pouvait résister à la masse toujours croissante des assaillans. D'autres venaient d'arriver, mais elles ne
pouvaient pénétrer dans l'intérieur. En cet instant la foule fait un nouvel effort sur le salon
de la Liberté, et pénètre jusqu'à la porte brisée.
Les cris aux armes! se renouvellent; la force-ar-
mée, qui était dans l'intérieur de la salle, accourt
vers la porte menacée. Le président se couvre,

l'assemblée demeure calme ; alors des deux
côtés on se joint ; le combat s'engage devant la
porte même ; les défenseurs de la Convention
croisent la baïonnette ; de leur côté les assaillans font feu, et les balles viennent frapper
les murs de la salle. Les Députés se lèvent en
criant vive la République ! De nouveaux détachemens accourent, traversent de droite à
gauche, et viennent soutenir l'attaque. Les
coups de feu redoublent, on charge, on se
mêle, on sabre. Mais une foule immense, placée derrière les assaillans, les pousse, les porte,
malgré eux-mêmes, sur les baïonnettes, ren-
versent tous les obstacles qu'on lui oppose, et
pénètre dans l'assemblée. Il était trois heures,
des femmes ivres, des hommes armés de sabres,
de piques, de fusils, 'portant sur leurs cha-
peaux ces mots: *Du pain, la Constitution de
93!* remplissent la salle ; les uns vont occuper
les banquettes inférieures que les Députés
avaient laissées libres ; les autres remplissent
le parquet ; d'autres se placent devant le bureau, ou montent par les petits escaliers qui
conduisent au fauteuil du président. »

« Un jeune officier des sections, nommé Mally, placé sur les degrés du bureau, arrache à l'un de ces hommes l'écriteau qu'il portait sur son chapeau. On tire aussitôt sur lui, et il tombe percé de plusieurs coups de feu. Dans ce moment, toutes les baïonnettes, toutes les piques se dirigent sur le président: on enferme sa tête dans une haie de fer. C'est *Boissy d'Anglas* qui a succédé à Dumont, *il demeur. immobile et calme.* Un jeune Député plein de courage et de dévouement, Féraud, accourt au pied de la tribune, s'arrache les cheveux, se frappe la poitrine de douleur, et, voyant le danger du président, s'élance pour aller le couvrir de son corps. L'un des hommes à pique veut le retenir par l'habit; un officier, pour dégager Féraud, assène un coup de poing à l'homme qui le retenait; ce dernier répond au coup de poing par un coup de pistolet qui atteint le malheureux Féraud dans les épaules. L'infortuné jeune homme tombe; on l'entraîne, on le foule aux pieds, on l'emporte hors de la salle, et on livre son cadavre à la populace.

Boissy-d'Anglas demeure *calme et impassible au milieu de cet épouvantable événement; les baïonnettes et les piques environnent encore sa tête.* Alors commence une scène de confusion impossible à décrire; chacun veut parler et crier en vain pour se faire entendre. Les tambours battent pour rétablir le silence; *mais la foule, s'amusant de ce chaos,* vocifère, frappe des pieds, trépigne de plaisir en voyant l'état auquel est réduite cette assemblée souveraine. Pendant ce tumulte, on apporte une tête au bout d'une baïonnette; on la regarde avec effroi, on ne peut la reconnaître : c'était celle de Féraud, en effet, que des brigands avaient coupée, et qu'ils avaient placée au bout d'une baïonnette; ils la promènent dans la salle, au milieu des hurlemens de la multitude. La fureur contre le président Boissy-d'Anglas recommence; mille morts le menacent. »

« Il était déjà sept heures du soir, on tremblait dans cette assemblée, on craignait que cette foule, où se trouvaient des scélérats, n'égorgeât les représentans du peuple au milieu de l'obscurité de la nuit. Les Comités du gouvernement avaient employé tous leurs efforts pour réunir les sections, ce qui n'était pas facile avec le tumulte qui régnait, avec l'effroi qui s'était emparé de beaucoup d'entre elles et la mauvaise volonté que manifestaient quelques autres. Les représentans Legendre, Auguis, Delacloi et Kervélégan s'étaient rendus à la tête de forts détachemens, auprès de la Convention. Legendre pénètre dans la salle, monte à la tribune à travers les insultes et les coups, et prend la parole au milieu des huées. « J'invite l'assemblée, dit-il, à rester ferme, et les citoyens qui sont ici à sortir. » A bas ! à bas ! s'écrie-t-on. »

« Alors s'avance le détachement à la tête duquel marchent les représentans Legendre, Kervélégan et Auguis, et le commandant de la garde nationale. On somme la multitude de se retirer, le président l'y invite au nom de la loi : elle répond par des huées. Aussitôt on baisse les baïonnettes et on entre ; la foule désarmée cède : mais des hommes armés qui se trouvaient au milieu d'elle, résistent un moment ;

ils sont repoussés et fuient en criant : A nous,
sans-culottes! Une partie des patriotes revient
à ce cri, et charge avec violence le détachement
qui avait pénétré. Ils emportent un instant
l'avantage; mais le pas de charge retentit dans
la salle extérieure; un renfort considérable arrive, fond de nouveau sur les insurgés, les repousse, les sabre, les poursuit à coups de
baïonnettes : ils fuient, se pressent aux portes
ou escaladent les tribunes, et se sauvent par
les fenêtres. La salle est enfin évacuée :

« Il était minuit! »

Probité, goût, profondeur, application et
patience, mais avant tout *fermeté inébranlable*, tel est ou plutôt tel fut le caractère de
Boissy-d'Anglas.

Pour l'œil impartial, le front de M. le baron
Pasquier indique évidemment un caractère
affectueux, constant et généreux, ami des talens et des vertus. Son regard n'est pas sans
sévérité, il pénètre, il commande même, mais
sa voix persuade, son cœur concilie. La cor-

respondance de M. le baron Pasquier doit être brève, mais claire; sa voix douce, mais grave; ses manières plus affables que séduisantes.

Nous engageons les phrénologistes et les physiognomonistes à étudier avec soin ces deux hommes d'état, également recommandables; ils remarqueront chez tous deux de nombreux rapports psychologiques. Chez le noble Boissy-d'Anglas comme chez M. le baron Pasquier, les facultés de l'ame, grandes et généreuses, ne laissent rien à désirer; à vrai dire, M. le baron Pasquier est l'aîné d'une famille où les qualités du cœur sont brillantes et héréditaires, où l'on prise, (chose rare par le temps qui court) les vertus patriarcales, paisibles et ignorées, plus haut que les titres et le crédit.

XVI.

CONSCIENCIOSITÉ.

———

M. le Vicomte de Châteaubriand.

La conscience est le meilleur livre de morale que nous ayons ;
c'est celui que l'on doit consulter le plus.

PASCAL.

La Conscienciosité, située entre la fermeté
et la circonspection, fait envisager les actions
sous le rapport du devoir et de la justice.

« Partout, dit Massillon, nous rendons
hommage, par nos troubles et par nos remords
secrets, à la sainteté de la vertu que nous vio-
lons ; partout un fonds d'ennui et de tristesse

inséparable du crime, nous fait sentir que l'ordre et l'innocence sont le seul bonheur qui nous était destiné sur la terre. Nous avons beau faire montre d'une vaine intrépidité, la *conscience criminelle se trahit toujours d'elle-même.* Les terreurs cruelles marchent partout devant nous; la solitude nous trouble; les ténèbres nous alarment; nous croyons voir sortir de tous côtés des fantômes qui viennent toujours nous reprocher les horreurs secrètes de notre ame; des songes funestes nous remplissent d'images noires et sombres; et le crime, après lequel nous courons avec tant de goût, court ensuite après nous comme un vautour cruel, et s'attache à nous pour nous déchirer le cœur, et nous punir du plaisir qu'il nous a lui-même donné. »

Croirait-on qu'au dix-neuvième siècle il se trouve encore des *philosophistes* qui n'admettent pas ou feignent de ne pas admettre l'existence de cette faculté, la Conscienciosité. Il est trop vrai que les ames consciencieuses deviennent de plus en plus rares; mais à qui la faute? Et puis, est-ce à dire parce que la conscience et l'amitié sont deux choses aussi rares que précieuses qu'elles n'existent pas?

Pour nous, nous reconnaissons un organe de la Conscienciosité, et nous avons foi en sa puissance (1). Nous croyons fermement, avec M. de Châteaubriand, que chaque homme porte en lui un tribunal où il commence par se juger lui-même, en attendant que l'arbitre souverain confirme la sentence. Ce tribunal, il faut bien le reconnaître, c'est la Conscience !

(1) Voici, entre mille, un fait qui prouve en faveur de ce que nous avançons.

On avait conçu quelques soupçons de crime à la découverte d'un cadavre dans la Scarpe ; mais on a reconnu qu'un malheureux suicide avait causé cette mort. Un porte-faix se querelle avec ses camarades, l'un d'eux lui reproche une faute expiée par une peine infamante. « C'est la première fois, dit cet homme, que l'on ose me parler d'une condamnation subie pour avoir volé un pain *quand j'avais faim;* ce sera aussi la dernière. » Et c'est ce porte-faix qu'on a trouvé noyé !

Il y a plus d'une réflexion à faire sur cette puissance du remords dans les classes pauvres et peu éclairées de la société.

Gazette des Tribunaux.

Il serait difficile, disons mieux, il serait matériellement impossible d'expliquer autrement que par la Conscienciosité cette frayeur profonde, persévérante, (1) qui trouble les nuits d'une prospérité coupable.

---

(1) La plus fatigante et la plus incurable maladie de l'homme c'est le *remords*; la goutte n'a que le second rang.

Le *remords* attache un ennemi à chacune de vos artères; il crispe vos nerfs de son haleine; il arrête le sang qui circule, il précipite les battemens du cœur, il jette le froid dans tous vos membres; il couvre votre front de sueur; il s'assied à table à votre place, et vous tournez en vain autour des convives pour avoir part au festin. La nuit, quand parfois vous dormez, il se pose d'aplomb sur votre poitrine; puis il se penche à vos oreilles; puis il vous parle tout bas; puis sa voix augmente, puis elle éclate comme un tonnerre, jusqu'à ce que vous vous réveilliez seul dans la nuit. C'est un épouvantable mal !

Aux autres maladies du corps humain il est des remèdes qui guérissent et des remèdes qui soulagent: les sucs bienfaisans des plantes de l'été; le lait nourricier au printemps; les eaux chaudes des Alpes; les bains en pleine mer; le doux ciel de l'Italie; le beau climat de Provence; la paix et le calme, et les fleurs, et les joies du festin. Qu'il est doux d'être malade à ce prix-là !

Ou bien sur votre lit de douleur se penche avec ferveur une sœur de Charité; un coup de ciseau retranche de votre corps le membre malade, et vous jouissez de votre convalescence aussi bien que si votre corps existait tout entier.

C'est pour moi qué je vis, je ne dois rien qu'à moi.
La vertu n'est qu'un nom, mon plaisir est ma loi.
Ainsi parle l'impie, et lui-même est l'esclave
De la foi, de l'honneur, de la vertu qu'il brave;
Dans ses honteux plaisirs, s'il cherche à se cacher,
Un éternel témoin les lui vient reprocher.
Son juge est dans son cœur : tribunal où réside
Le censeur de l'ingrat, du traître, du perfide.
Par ses affreux complots nous a-t-il outragés ?
La peine suit de près et nous sommes vengés.

Il n'est pas jusqu'aux transports de la folie qui n'aient leur charme. Être poète et créer; se passionner chaque jour jusqu'au rire ou jusqu'aux larmes; être roi ou homme de génie, ou traîner une vie de héros à travers toutes sortes de misères! C'est encore la manière la plus sûre et la plus économique d'être poète aujourd'hui.

Mais le *remords!* le *remords* est implacable; il prend toutes les formes, il usurpe toutes les places. Vous fermez votre porte à triple serrure, en lui laissant toutefois une ouverture pour entrer. Le *remords* dédaigne cette étroite voie: il frappe en maître à votre porte, vous êtes forcé d'ouvrir; et quand la porte est ouverte, il prend sa place au foyer domestique. Si vous avez un enfant, il le tient sur ses genoux. C'est votre hôte, donnez-lui la meilleure place dans votre cœur.

Le *remords* est la seule des émotions de l'homme que le temps n'ait pas dénaturée; *le remords durera autant que l'homme!*

J. JANIN.

De ses remords secrets, triste et lente victime,
Jamais un criminel ne s'absout de son crime.
Sous les lambris dorés ce triste ambitieux
Vers le ciel, sans pâlir, n'ose lever les yeux.
Suspendu sur sa tête, un glaive redoutable
Rend fades tous les mets dont on couvre sa table.
Le cruel repentir est le premier bourreau,
Qui dans un sein coupable enfonce le couteau.

Que deviendrait la société, sans cet organe de la Conscienciosité? Si le sentiment du juste et de l'injuste n'existe pas, si la Conscienciosité n'est qu'un mot, pourquoi le remords, terrible et inévitable châtiment? Pourquoi ces cauchemars de chaque nuit, ces terreurs paniques? Pourquoi aussi ces fantômes hideux, phalanges inflexibles, impalpables, qui sautillent et bourdonnent devant le criminel? Pourquoi le jaguar dort-il, pourquoi l'homme criminel ne dort-il pas? Et ce grand seigneur qui a vendu son ame, et cette prostituée qui, à défaut d'ame, a trafiqué de son corps, pourquoi à cette heure qui est leur dernière heure, dans ce moment qui précède de quelques secondes ce qu'ils nommaient naguère le néant, pourquoi tremblent-ils? Pourquoi n'osent-ils

lever les yeux vers le ciel? C'est qu'il y a de
l'infamie dans leur existence, du sang peut-
être! C'est qu'il y a une Conscience; c'est qu'il
y a une voix dans le sang (1) et qu'en ce moment solennel cette voix hurle et menace! c'est
que l'infamie et le sang se dressent devant
leurs yeux; c'est qu'enfin le remords les poursuit comme la statue menaçante du Comman-
deur poursuit don Juan; c'est que la mort, si
paisible pour l'homme vertueux, n'est pour
eux qu'un panorama fantastique où se dérou-
lent un à un leurs vices, leurs crimes et leur
châtiment!

Les anciens législateurs n'avaient point fait
de lois contre le parricide, parce qu'ils
croyaient ce crime impossible.

L'honnête et docte Lavater n'a rien décrit
dans son Traité des Physionomies qui puisse
s'appliquer quelque peu à M. le vicomte de
Châteaubriand, comment aurait-il deviné un

---

(1) *Génie du Christianisme.*

aussi grand génie? Pour lui, Châteaubriand était impossible.

Le génie recule les limites du possible.

XVII.

ESPÉRANCE.

Silvio-Pellico.

Salut, ô divine espérance !
Toi dont le charme séducteur
Donne une aile à la jouissance,
Ote une épine à la douleur !
Sur ton sein quand l'homme repose,
Ah ! qu'il goûte un doux abandon !
Si le plaisir est une rose,
L'espérance en est le bouton !

DE LAMADELAINE.

L'organe de l'Espérance, situé des deux côtés de celui de la vénération, fait croire à la possibilité de ce que les autres facultés désirent, sans en donner la conviction ; la conviction est le résultat de la réflexion.

L'Espérance, divinité qui, comme l'a dit Fénélon, n'a de temples et d'autels que dans le cœur de l'homme, est indispensable à son bien-être; c'est l'Espérance qui égaie le présent et embellit l'avenir; c'est elle qui porte l'homme à croire et à attendre; l'Espérance, nous le répétons, est plus nécessaire à notre bonheur que la jouissance même.

L'homme se traîne, hélas! de malheurs en malheurs;
Par sa mère enfanté dans le sein des alarmes,
A ses gémissemens répondant par des larmes,
Il entre dans le monde escorté de douleurs:
L'*Espérance* en ses bras le prend, sèche ses pleurs,
Et le berce et l'endort. A peine à la lumière
Ose-t-il entr'ouvrir une faible paupière,
De mille jeux divers, de mille objets nouveaux
Elle offre à ses regards les mobiles tableaux;
Prompte comme ses maux, et comme eux passagère,
Dès qu'il a ressenti leur atteinte légère,
Dès qu'elle entend ses cris, à ses côtés soudain
Elle accourt en riant, un hochet à la main,
De rêves enchantés entoure son enfance.
De cet âge naïf la crédule innocence
D'une heure, d'un moment fait un long avenir,
Voyez-la se montrer, s'éloigner, revenir,
Prendre à chaque caprice un nouveau caractère,
L'occuper par des jeux, par des jeux le distraire,
Et tour-à-tour calmant, provoquant ses désirs,
Changer en ris ses pleurs, ses chagrins en plaisirs.

Douce enfance! âge aimable, où, nourri de mensonges,
L'homme trompé du moins est heureux par ses songes!
Il fuit trop tôt pour lui cet âge regretté :
Ses traits ont moins de grâce; ils ont plus de fierté :
Le matin de ses jours succède à leur aurore ;
D'un duvet délicat son menton se colore ;
L'audace est sur son front, l'éclair est dans ses yeux :
Il regarde en extase et la terre et les cieux.
Pour lui l'illusion, et féconde et magique ....
Répand sur les objets un charme fantasti que;
D'un feu secret, nouveau, son cœur est tourmenté ;
Il manque quelque chose à ce cœur agité :
Il s'inquiète, il cherche... En ce désordre extrême,
Une femme paraît, lance un regard ; il aime.
Dès qu'il aime, *il espère*, il veut plaire à son tour;
La gloire a droit surtout d'intéresser l'amour :
Eh bien! il fera tout pour l'amour et la gloire;
Et soit qu'au champ d'honneur épris de la victoire,
Il y brave la mort sur les pas des héros,
Soit que, plus satisfait d'un studieux repos,
Et cherchant dans les arts de plus douces conquêtes,
Il préfère aux combats la lyre des poètes;
Ou poète ou guerrier, dans le cirque, aux combats,
L'*Espérance* partout accompagne ses pas,
Le soutient, l'encourage, à ses regards étale
Des favoris de Mars la pompe triomphale,
Lui montre d'Apollon les nourrissons sacrés,
Accueillis par les rois, des peuples adorés,

Le front ceint de lauriers, s'enivrant au théâtre
Des acclamations d'un public idolâtre.
Combien son jeune cœur s'enflamme à ces tableaux !
La lice s'ouvre, il part, entouré de rivaux :
Là, l'*Espérance* encor le porte sur ses ailes ;
Vainqueur, il cueille au but les palmes immortelles,
Et l'amour satisfait, lui garde un prix plus doux.
L'âge mûr, de succès également jaloux,
Et de gloire ent'amour abjurant les chimères,
Vers des desseins plus grands, des pensers plus sévères,
Dirige ses efforts et ses constans travaux.
Il veut de ses vieux ans, dans un noble repos,
Voir couler doucement les paisibles journées,
Et des champs cultivés dans ses belles années,
Lorsque viendra l'hiver cueillir enfin les fruits.
L'Etat dans l'âge mûr voit ses plus sûrs appuis.
La ville, ses remparts, ses palais magnifiques,
Ses dômes éclatans, ses temples, ses portiques,
Et son immensité frappent moins mes regards,
Qu'un peuple, heureux enfant du commerce et des arts,
Qui, des destins jaloux corrigeant l'influence,
Joyeux, vole au travail conduit par l'*Espérance*.
. . . .
Cependant sur le front de l'homme inconsolable
Croît lentement des ans l'outrage ineffaçable ;
Il jette autour de lui des regards abattus :
Ses beaux jours sont passés, ses amis ne sont plus.

La folâtre jeunesse, aux voluptés en proie,
L'irrite par ses jeux, l'attriste par sa joie ;
Compagne du jeune âge, amante du plaisir,
L'illusion a fui pour ne plus revenir ;
Les rians souvenirs, troupe aimable et légère,
Ces enfans du bonheur, qui remplaçaient leur père,
Tels que des songes vains, se sont évanouis.
Ce front qu'ont dépouillé le temps et les ennuis,
Et ce corps chargé d'ans, qui sous leur faix succombe,
Semblent, en se courbant, se pencher vers la tombe :
Ce qui charmait ses sens a perdu ses douceurs ;
La rose est sans parfums, l'aurore sans couleurs.
Sur la terre étranger, importun à lui-même,
Faible, toujours souffrant, dans son malheur extrême
Il a cessé de vivre, et ne peut pas mourir.
Quelle invisible main, prompte à le secourir,
Étouffe son murmure, et chame sa souffrance ?
Sur lui, près du cercueil, veille encor l'*Espérance*.
La déesse apparaît à ses yeux attristés,
Riche d'attraits nouveaux, brillante de clartés :
Par delà les tombeaux il s'élance avec elle ;
Là, renaît sa jeunesse, éclatante, immortelle,
Et d'un nouvel Eden les bosquets enchantés
Lui prodiguent déjà leurs pures voluptés. (1)

---

(1) DE SAINT-VICTOR, *poème de l'Espérance.*

Nous n'ajouterons que peu de mots à ce tableau complet, éloquent et naïf des bienfaits
de l'Espérance. « *Espérer*, dit un aimable
physiologiste, *c'est jouir.* » En effet, nous
avons souvent remarqué qu'il n'y a rien ou
presque rien d'actuel dans nos sensations; c'est
toujours dans l'avenir que l'homme, même le
plus sage, place le but de ses jouissances.
N'est-il donc pas en son pouvoir de se conten-
ter d'une jouissance limitée? Le *nec plus ultrà*
du bonheur se réduirait-il à la seule Espérance?

L'Espérance, comme toutes les manifesta-
tions de l'ame, a son bon et son mauvais côté;
ses avantages et ses imperfections : si cette faculté excède le volume raisonnablement désirable, elle engendre la manie qui domine les
hommes que nous qualifions de gens à projets.
De l'excès contraire, naissent ces deux typhus
de l'ame, l'hypocondrie et la misanthropie.

Si jamais homme fut doué d'espérance, c'est
M. Silvio-Pellico; si un de nos types a été judi-

cieusement choisi, c'est assurément celui-là. Ceux de nos lecteurs qui se sont peu occupés de cette science attrayante, l'art de connaître l'homme par les traits du visage, trouveront là une étude facile; l'Espérance anime tout ce visage. Le haut du front, large et bombé vers les deux angles que forment de chaque côté la racine des cheveux, annonce une imagination toute méridionale; ce front est tel qu'on devait l'attendre de l'auteur de la Francesca da Rimini. Ne cherchez pas, chez M. Silvio-Pellico, le courage physique, le pugile, ce sentiment nous parait incompatible avec le relâchement du contour du nez.

Si cet homme aimait les combats, les cris de victoires et de mort; si cet homme recherchait les risques, s'il fréquentait les combats de coqs ou de taureaux, Lavater, notre maître, ne serait plus qu'un utopiste, puisqu'il a écrit que le courage physique ne peut se trouver là où il y a bienveillance excessive, et chez M. Silvio-Pellico, comme chez M. de Béranger, la bienveillance et l'amour du prochain sont très-

développées. (1) N'allez pas croire toutefois
que cet homme soit un lâche! Oh! non; il sait
souffrir! Les plombs de Venise et les glaces du
Spielberg vous diront sa résignation d'homme
et de chrétien; mais chez M. Silvio-Pellico c'est
le courage moral qui domine. Courage qui

----

(1) Nous nous inclinons avec respect devant les décisions du
docte Lavater, en tout ce qui concerne la science des physionomies; mais tout en reconnaissant, pour M. Silvio, la justesse
de cette observation, nous ne prétendons pas ici admettre, avec
lui, *que le courage physique soit toujours incompatible avec la
bienveillance*, ce serait mentir à nos propres observations. (Voir
l'art. Combativité, page 157.)

Une femme d'esprit, que nos meilleurs phrénologistes consul-
tent souvent, et qui rend journellement d'immenses services à la
science. La plus satirique, la plus habile, mais aussi la plus dis-
crète des phrénologistes passés et presens, nous a confirmé dans
cette opinion, que la bienveillance n'exclut pas toujours la bra-
voure. La collection phrénologique de son mari qui est, sans
contredit, la plus riche, la plus rare, la plus complète de
toutes les collections de ce genre, renferme plusieurs têtes re-
marquables *où la bienveillance, extrémement développée, égale le
courage;* de ce nombre est celle de feu le général Lamarque, et,
chose bien plus étonnante, celle de Chauffron, célèbre assassin,
mort à Bicêtre, et moulé par notre ami Emile Debout, auquel la
phrénologie doit une petite part de l'éclat dont elle brille aujour-
d'hui, en dépit de l'intolérance.

naît de l'Espérance et qui grandit par la religion.

Nous reconnaissons ici , après un examen
attentif, des sentimens délicats qu'il est facile
d'irriter et de blesser, un esprit philosophique,
religieux , observateur et profond ; avec cette
conformation physiognomonique , le cœur
s'attriste au bruit du canon, l'ame grandit et
s'élève par le martyre. Un homme comme
M. Silvio ne transige point avec la vertu et ne
désespère jamais ni de Dieu ni des hommes !

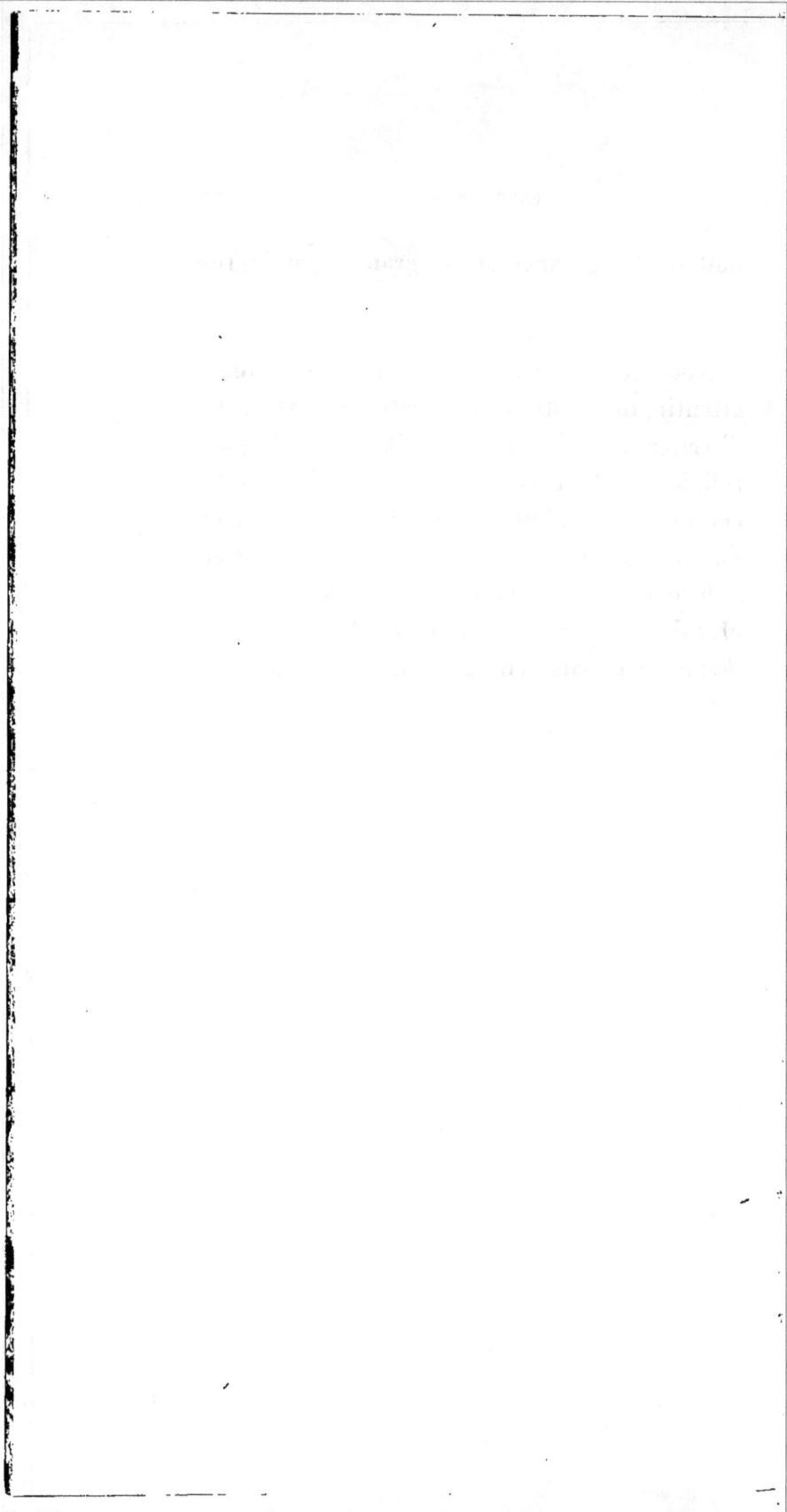

XVIII.

MERVEILLOSITÉ.

—o—

Hoffmann.

Fuyez le merveilleux, et suivez la nature.

DESTOUCHES,
Le Mari confident.

L'organe de la *Merveillosité*, que le docteur Spurhzeim nomme aussi la Surnaturalité, est situé en avant de l'Espérance; son grand développement a pour effet d'élargir la partie supérieure latérale de l'os frontal.

La Merveillosité fait croire aux pressentimens, aux inspirations secrètes, aux songes, aux fantômes, enfin à tout ce qui est mystérieux ou surnaturel.

Et le mystique amour, et la pitié touchante,
Que ne doivent-ils pas au pouvoir que je chante. (1)

« C'est la *Merveillosité* qui, dans l'absence des objets ou pendant l'erreur d'un songe, dessine des tableaux dans l'œil d'un homme incapable de tracer un cercle, et lui fait découvrir sur le front changeant d'un nuage ou dans les confuses inégalités d'une surface, des figures régulières que sa main suivrait avec grâce et facilité. Souvent aussi, dans ses peintures vagabondes, elle accouple les habitans de l'air, de la terre et des mers; et déplaçant les couleurs, les formes et les proportions, elle n'enfante que des chimères et des monstres.

---

(1) Nous recommandons à nos lecteurs la Biographie de Louis Lambert, par **M.** de Balzac (1). Nul, en effet, ne posséda plus que l'infortuné Lambert, la Merveillosité; hélas! cet immense cerveau, incompris, ne pouvant s'épancher, a craqué de toutes parts. Lambert a vécu comme il est mort, ignoré! Il ne nous reste plus de cette ame si noble, de ce génie mystique, qu'une croix de pierre sans chiffre et sans nom. « Fleur née sur le bord d'un gouffre, elle devait y tomber inconnue avec ses couleurs et ses parfums inconnus. »

(1) CH. GOSSELIN, 1 vol. in 12.

L'*Imagination* dérive de la *Merveillosité*, mais elle est épurée par le bon sens qu'elle épure à son tour ; c'est à coup sûr la plus belle, la plus merveilleuse, la plus brillante partie de nous-même ; l'Imagination, c'est le sel volatil de l'ame. Elle se subtilise, s'exhale, se répand sans jamais rien perdre de son activité ; c'est l'Imagination qui perfectionne les sciences et les arts ; sans elle, le monde ne serait encore qu'un vaste champ de dates, d'étymologies, de faits isolés et sans intérêt, c'est elle qui a rassemblé et mis en ordre tous ces matériaux épars ; c'est elle encore qui a posé la première pierre de l'histoire de toutes les villes et de toutes les nations.

Notre bonheur à nous, les orgueilleux héros de la création, ne consiste évidemment, ici-bas, que dans la manière de nous représenter les objets ; c'est ce qui a fait dire à un moraliste : « Que l'Imagination est la consolation du présent et l'amie de l'avenir. »

Laissons, en effet, agir notre imagination, et nous sentirons bientôt qu'elle est un présent de Dieu. D'abord, elle se joint à l'Espérance pour soulager la misère du pauvre, pour soutenir le courage de l'homme qui entre, chancelant, dans la vie ; puis elle brise les glaces de l'âge, réchauffe le vieillard et le réjouit encore d'un rayon de sa jeunesse. Fée puissante et bienveillante, si le présent nous chagrine, elle nous transporte dans l'avenir ; elle déroule à nos yeux un joyeux et fou passé lorsque nous sentons du plaisir à le rappeler. Le désespoir de sa main de feu brûle-t-il notre ame ? Vite cette féconde enchanteresse alimente d'idées neuves, fraîches et riantes, notre cerveau desséché. Et puis c'est par elle que les illusions et les réalités se partagent la vie !

Enfin c'est cet instinct, ce sens divinateur
Qui donne au grand talent, son vol dominateur. (1)

Neutralisez l'action de l'Imagination chez MM. de Châteaubriand, de Lamartine, Victor Hugo, J. Janin, de Balzac, dégagez leurs

---

(1) DELILLE.

œuvres si poëtiques de ce génie puissant, l'*Imagination!* Analysez-les; ces hommes de génie deviendront tout à coup des hommes de routine et de mémoire; il ne restera de ces écrits, si justement prisés, qu'un amas de maximes vermoulues, de doctrines édentées, d'anecdotes anti-diluviennes.

Eh! dira-t-on, le jugement doit être la bâse de l'esprit, le bon sens sa règle, son guide et son appui; sans doute, mais le jugement seul, sans le secours de l'Imagination, se réduirait, la plupart du temps, à ces mots : Bonjour, comment vous portez-vous?

C'est le manque absolu d'Imagination qui rend la lecture des anciens aride et fatigante.

Delille assimilait l'homme de bon sens à la fourmi laborieuse et inoffensive; mais il comparait l'Imagination à l'aigle superbe qui parcourt sans effort, comme sans crainte, l'immense horizon.

Tout d'abord cette comparaison parait un paradoxe; mais il faudrait ne pas connaître l'histoire des peuplades du nord, pour ne pas revenir sur ce jugement. Chez les nations flegmatiques, qui n'ont qu'un gros bon sens et une saine raison en partage, les banquiers, les marchands habiles ne manquent pas; en revanche, on y trouve peu ou point de statuaires, de peintres, de poètes et de littérateurs. Là, tout est lent, progressif, symétrique, logique, mathématique; on est heureux, sans doute, mais on n'invente rien.

Tout ce qui part d'un esprit vif, d'un génie brillant, étonne; tout ce qui demande une exécution prompte, aventureuse, inquiète et déconcerte. Il n'en est pas de même des *nations sanguines et nerveuses*, les nations du soleil.

Le bon sens isolé vaut sans doute beaucoup mieux que l'Imagination abandonnée à son impétuosité, comme elle l'est dans l'organe de la Merveillosité, mais il n'en est pas moins vrai que la raison reste difficile et tardive, lorsqu'elle n'est point excitée par l'esprit et épurée par l'imagination. C'est, disait Napoléon, en quittant le chemin battu et en s'élevant au dessus de ses contemporains, qu'on peut mériter le titre d'homme de génie.

On n'est jamais qu'un homme ordinaire, disait aussi l'aimable baron Réal, lorsqu'on n'invente ou qu'on ne perfectionne rien.

On peut diviser les hommes en trois classes: ceux doués seulement de bon sens ; ceux de simple imagination, qui, comme Hoffmann et Chatterton, frisent la folie; enfin, ceux doués à dose égale, d'imagination et de bon sens : c'est dans cette dernière catégorie que se trouve le génie.

Dieu nous a donné l'imagination pour embellir la vie; profitons donc d'un avantage si précieux, mais n'en abusons point, sous peine d'errer et de tomber dans la Merveillosité, c'est-à-dire de prendre l'ombre pour le corps, l'éclair pour la lumière, des sophismes pour des argumens.

L'homme doué de *l'amour de la vie*, ne permettra pas à son imagination de prendre trop d'empire sur lui et d'entretenir son ame dans un état continuel d'exaltation, mais il le fera servir, selon sa destination, à rendre plus brillans encore les beaux momens de son existence, à donner du piquant à ceux qui sont sans intérêt et à répandre quelque gaieté sur ceux que, sans elle, la tristesse remplirait d'amertume (1).

Ernest-Théodore-Guillaume Hoffmann, un des plus grands génies de l'Allemagne, poète, peintre et musicien, croyait aux fantómes, aux revenans! L'ange déchu, maître Satanas (comme dirait le bibliophile Jacob), qui effraie à peine aujourd'hui nos plus petits enfans, était pour lui un grand et terrible potentat.

Dans ses heures de solitude et de travail, le malheureux Hoffmann était poursuivi par l'appréhension de quelque danger indéfini dont il se croyait menacé, et ses nuits étaient trou-

(1) PHÈDRE.
(2) HUFELAND.

blées par des spectres et des apparitions hor-
ribles. L'effet de ces hallucinations était tel, parfois, qu'il faisait souvent relever sa femme et
la suppliait, à genoux et les larmes aux yeux,
de s'asseoir près de lui, pour le protéger, par
sa présence, contre les fantômes qu'il avait
lui-même conjurés dans son imagination.

Ce génie malheureux et inquiet, mourut le
25 juin 1832; tout porte à croire que sa vie,
qui fut une des grandes infortunes humaines,
a été abrégée, non seulement par sa maladie
(*tabes dorsalis*), mais encore par les excès auxquels, dans sa douleur, il crut pouvoir recou-
rir pour faire trève à sa mélancolie.

Ce noble cœur, cet esprit généreux,
qui tremblait devant des terreurs imagi-
naires, endura avec un courage et une constance sans exemple, les plus cruelles douleurs. Sa maladie fit, en peu de temps, de si
rapides progrès que les médecins lui appli-
quèrent un fer rouge sur le trajet de la moëlle
épinière, pour ranimer l'activité du système
nerveux! Le patient, au moment où l'on ve-

naît de terminer l'opération, demanda en souriant, à un de ses amis, *s'il ne sentait pas la chair rôtie?*

Une charmante aquarelle représente cet homme fantastique, petit de taille, nerveux à l'excès; son regard est fixe et sauvage, sa chevelure noire est claire semée; le chat Murr, de diabolique mémoire, est devant lui; sa pipe, compagne fidèle de ses joies et de ses souffrances, l'enveloppe d'une atmosphère de douces vapeurs. Le peintre, qui a fait preuve d'un beau talent, semble avoir choisi le moment où, poussé par son tempérament hypocondriaque, Hoffmann écrivait ce *memorandum* : « Pourquoi, dans mon sommeil comme dans mes veilles, mes pensées se portent-elles si souvent, malgré moi, sur le triste sujet de la démence? Il me semble en donnant carrière aux idées désordonnées qui roulent dans mon esprit, qu'elles s'échappent comme si le sang coulait d'une de mes veines qui viendrait à se rompre! »

Hoffmann s'était fait lui-même une échelle

graduée indiquant le plus ou le moins d'exaltation de ses facultés ; cet espèce de psychomètre,
dit sir Walter Scott , s'élevait quelquefois
jusqu'à un degré peu éloigné d'une véritable
aliénation.

La Psychologie d'Hoffmann se résume dans
ces quatre vers de la métromanie :

On peut être honnête homme, excellent caractère ,
Bon ami, bon mari, bon citoyen, bon père ;
Mais à l'humanité si parfait que l'on fut ,
Toujours par quelque faible on paya le tribut.

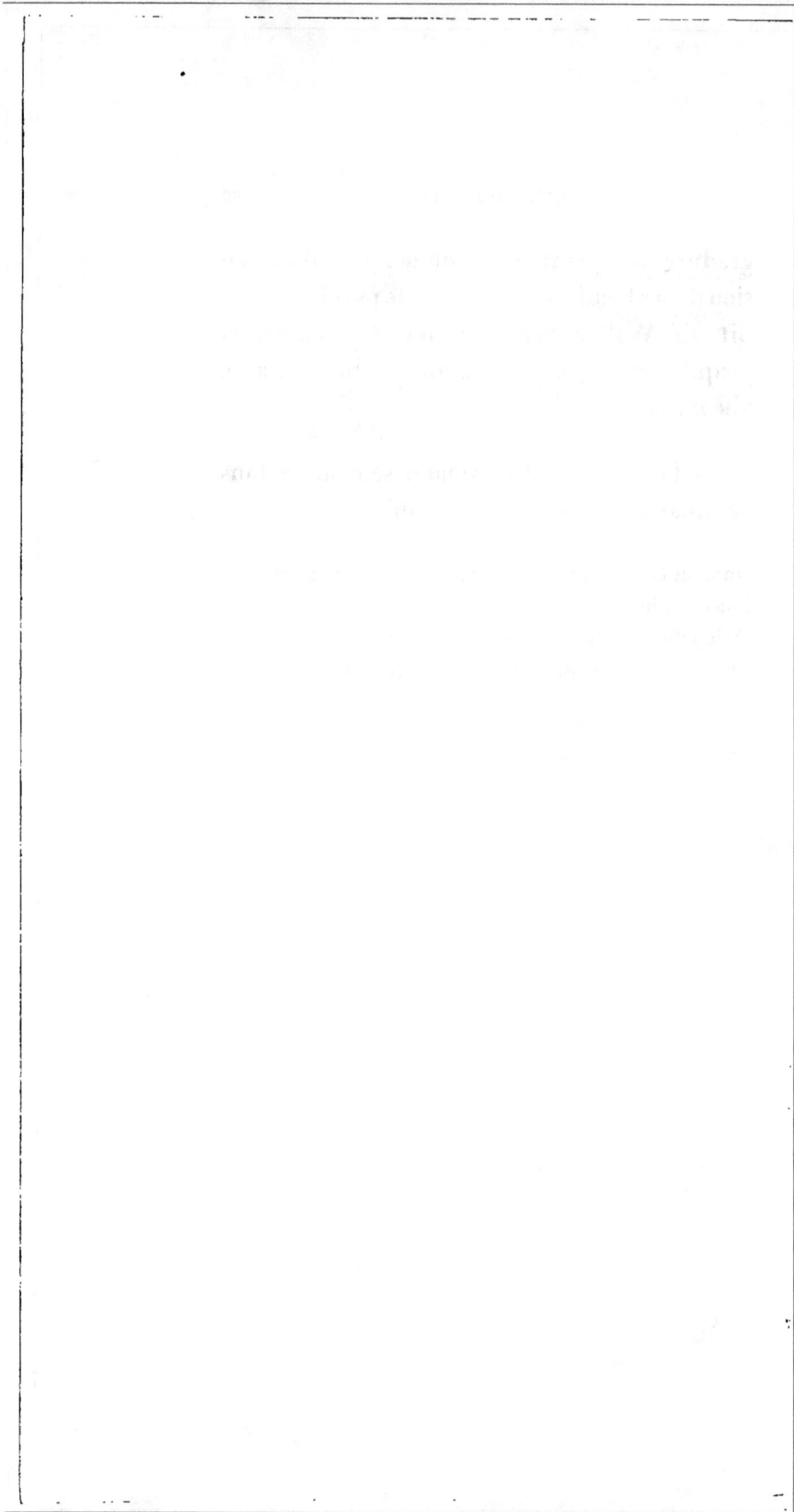

XIX.

IDÉALITÉ.

––––⊷⊶⊶––––

M. Victor Hugo.

« Les circonstances ne forment pas les hommes,
elles les montrent : elles dévoilent pour ainsi dire,
la royauté du génie, dernière ressource des peuples
éteints. Ces rois qui n'en ont pas le nom, mais qui
règnent véritablement par la force du caractère et
la grandeur des pensées, sont élus par les événemens auxquels ils doivent commander; sans ancêtres
et sans postérité, seuls de leur race, leur mission
remplie, ils disparaissent en laissant à l'avenir des
ordres qu'il exécutera fidèlement. »

F. DE LA MENNAIS.

L'Idéalité, située au-dessus des tempes,
dans une direction qui s'étend en arrière et en
haut, en avant de l'acquisivité, fait envisager
la nature comme elle devrait être dans son état
de perfection.

L'Idéalité est la noble trace de tout enthousiasme, de toute exaltation, c'est le génie ma-
térialisé; elle grandit l'ame et recule les limites
du possible.

Cet organe résume en lui deux phénomènes
intellectuels, indispensables à la poésie : la
méditation qui fait agir l'esprit, et l'inspiration auquel il obéit.

Cette impulsion secrète, profonde, irrésistible qui nous entraîne, malgré nous, vers
l'étude des arts et des sciences les plus propres
à exercer les facultés de notre ame et l'énergie
de ces facultés; la vocation, enfin, n'est qu'un
agent de l'Idéalité.

La poésie, voilà la grande passion, maîtresse
des grandes ames, c'est la voix de Bossuet qui
crie : *Marche, marche, marche!* et à laquelle
on ne désobéit pas.

Dominé par la vocation poétique, Pétrarque,
cette poésie long-temps comprimée, immorta-
talise Laure de Noves et reçoit à Rome, au
capitole, les honneurs du laurier d'or. Arioste

laisse échapper à sa verve facile, son chef-d'œuvre de gaieté et d'esprit, le Roland furieux. Quelle est la montagne du haut de laquelle le Tasse a découvert tout un poème : fleuves, villages, bois suaves, soldats, bergers, enchantemens? Cette montagne escarpée, c'est la poésie.

Le magnifique piédestal!

Quelle est la lumière qui montra au pauvre vieux Milton, frappé de cécité, ces anges révoltés, ces archanges étincelans, ces combats de la terre et du ciel, noble mêlée, où les hommes se battent avec les Dieux? C'est la poésie.

O le noble et illustre flambeau!

Shakespeare, Racine, J.-J. Rousseau, Goëthe, Byron, Schiller, MM. de Châteaubriand, de Lamartine, Victor Hugo et tant d'autres noms se sont illustrés, chacun en son genre, en obéissant tout simplement à leur nature. Que d'auteurs, nés avec beaucoup d'esprit, de génie

même, qui, faute d'avoir suivi leur vocation
ou de s'y être bornés, n'ont pas acquis toute
la réputation à laquelle ils pouvaient raisonnablement prétendre.

Que de reconnaissance ne devons-nous pas
à toutes ces illustrations, pour les services
qu'elles ont rendu à la littérature, qui, à son
tour, a été d'une grande utilité aux autres
sciences, en les rendant populaires. « La littérature est l'interprète de toutes les découvertes,
de toutes les observations, de toutes les con-
jectures de notre imagination, et, de plus,
de toutes les passions du cœur humain, qu'elle
console de ses peines, ou qu'elle dirige au bien
et à l'utile. La jurisprudence lui doit son lustre
et sa dignité ; nos avocats célèbres en emprun-
tèrent cet art qui fit de l'éloquence l'effroi du
spoliateur et le bouclier du faible. »

« Les monumens des lettres (c'est M. Népo-
mucène Lemercier qui parle) sont les archives
respectables où la vérité, la raison et le courage ont déposé les registres des anciens hon·
neurs de la liberté publique. Ce furent les

lettres qui l'affermirent chez tous les peuples
nés pour la désirer, capables de la conquéri
jaloux de la garder, instruits à la défendre, et,
par là, dignes de la conserver. C'est peu de
ces importans services : la littérature charme
les loisirs de l'homme, le suit dans ses voyages,
l'accompagne en tous lieux, sert d'occupation
à l'adolescence qu'elle distrait des plaisirs funestes, devient le plaisir de la vieillesse qui
n'en goûterait plus d'autre. Elle bâtit, sans
frais, à l'indigence, un édifice de magiques
illusions; elle retire l'opulent du fracas qui suit
la fortune, et lui apprend, loin du tumulte,
à jouir de ses richesses intellectuelles. Elle est
la source de l'instruction, de la félicité, de la
gloire dont s'énorgueillissent les mémorables
nations du monde ; et seule, enfin, elle développe la plus mystérieuse, la plus profonde de
nos sciences, la science du cœur de l'homme. »

> J'ai des rêves de guerre en mon ame inquiète ;
> J'aurais *été soldat* si je *n'étais poète.*

dit M. Victor Hugo, dans son ode *Mon Enfance.* Mais heureusement pour l'auteur de la

Notre-Dame de Paris et pour nous, son admirateur, le génie de la poésie a terrassé celui
des combats. Nous frémissons, en pensant que
M. Victor Hugo aurait pu, grâce à ses rêves
de guerre, n'être jamais qu'un délicieux capo-
ral; lui, M. Victor Hugo, en pantalon garance!
le sac au dos! C'est à en avoir des convulsions!

Qu'a de commun la guerre avec l'air pensif, calme de M. Victor Hugo; son front uni,
large et ferme, n'est pas fait pour le casque
gépide. La forme heureuse de ses sourcils, l'en-
foncement de ses yeux, l'arc de ses paupières,
ni trop tendu, ni trop relâché; le nez et le
contours élégant de la ligne que forment les
lèvres en se fermant; la forme gracieusement
arrondie de son menton, enfin son regard
d'aigle, tout cela, sans aucun doute, décèle
un poète inspiré, énergique, courageux, incapable de plier devant l'opinion d'autrui, mais
il y a loin de cette conformation physiognomonique à celle des Masséna, des Desaix et
des Poniatowski.

XX.

GAIETÉ.

M. Jules Janin.

La Joie est dans le cœur, la Gaieté est dans les manières, l'une consiste dans un doux sentiment de l'ame, l'autre dans une agréable situation de l'esprit.

GIRARD.

. . . J'avais écrit de sang-froid l'histoire d'un homme triste et atrabilaire, pendant que dans le fait je n'étais qu'un *gai* et *jovial* garçon.

(*Préface de l'Ane mort.*)

La Gaieté, située à la partie supérieure externe du front, en avant de l'idéalité, produit une manière particulière d'envisager les objets; ce sentiment a fait dire à un philosophe du dix-huitième siècle: « La vie n'est qu'un songe bizarre et trompeur , si elle offre quelque chose de vrai c'est la gaieté qu'on y peut goûter. »

La Gaieté pousse à faire et à chercher le côté plaisant des choses, elle se combine avec toutes les autres facultés de l'ame , et porte différens noms, d'après son application ; la charge, le calembourg, la caricature , l'esprit de saillie , l'ironie et les conceptions comiques en dépendent.

« Il ne faut pas confondre, dit Spurzheim, le sentiment de la Gaieté avec celui du contentement ou de la satisfaction ; chaque faculté procure une sorte de satisfaction , et sans le sentiment dont il s'agit ici, on peut être parfaitement content et sérieux en même temps. Mais ce sentiment donne l'humeur gaie et vise à l'amusement. »

Peu d'ouvrages traitent de la Gaieté , et pourtant quelle riche éloquence ne trouve-t-on pas dans les charmes qu'elle inspire , charmes qui ne sont pas plus l'effet du caprice

que celui du hasard, comme on le pense généralement, mais qui naissent d'une heureuse
disposition de l'ame qu'on ne peut trop désirer.

La Gaieté éloigne les maladies du corps (1),
réjouit l'esprit, domine les caprices de la fortune, calme le chagrin et rend sensible aux
agrémens de la vie qu'elle prolonge souvent au-
delà du terme ordinaire.

On voit par l'épigraphe de ce chapitre qu'il
existe une différence marquée entre la joie et
la gaieté; la joie consiste dans un sentiment de
l'ame plus fort, dans une satisfaction plus
pleine; la Gaieté dépend davantage du caractère, de l'humeur, du tempérament. L'une,
sans paraître toujours au dehors, fait une vive
impression au dedans; l'autre brille, éclate
dans les yeux et sur le visage; on agit par la
gaieté, ou est affecté par la joie.

Parmi toutes les Gaietés, elles sont en grand

_____

(1) HUFELAND.

nombre (1), il en est une qui peut, à juste titre, passer pour un défaut; c'est la Gaieté maligne, ou l'*ironie*. L'ironie, sans doute, blesse moins le droit des gens que la médisance, mais aussi, comme par compensation, elle est plus offensante, parce qu'elle porte deux coups à la fois : l'un à l'honneur, notre bien le plus précieux ; l'autre au sentiment le plus susceptible que dame nature ait mis en nous, *l'amour propre* ou *l'estime de soi*.

Cependant nous sommes loin de vouloir établir que l'ironie soit toujours hargneuse et méprisable, à Dieu ne plaise : l'ironie sans méchanceté, l'ironie d'un bon et honnête scep-

---

(1) Il y a *gaieté* de caractère et *gaieté* de circonstance, *gaieté* maligne et *gaieté* franche, *gaieté* empruntée et *gaieté* vraie, *gaieté* communiquée et *gaieté* communicative; les unes sont communes et de la connaissance de tout le monde, les autres sont rares et accidentelles. La plus ordinaire, parmi les gens d'esprit, tient un peu du rire de Démocrite; la grosse *gaieté*, qui n'est pas la moins bonne, ne peut éclore que dans les imaginations dont le bel usage n'a point comprimé l'essor.

L. R.

tique, nous parait, au contraire, un des dons
les plus précieux de l'esprit de l'homme. Mon
Dieu! à propos de gaieté et d'ironie, comment
oublier le grand nom de Molière! Molière,
c'est la gaieté poussée au degré de génie! Molière, c'est l'ironie élevée au degré le plus haut
et le plus simple de la philosophie humaine.
Avez-vous lu *Candide?* Voilà une ironie atroce,
horrible, constante, impitoyable; mais il faut
bien en passer par là, c'est l'esprit de Voltaire.

Pour parler d'un ouvrage plus récent, lisez-
vous le feuilleton du Journal des Débats? le
lundi, quelle verve et quelle ironie inépuisable;
c'est une moquerie sans fin, c'est un épanouis-
sement perpétuel. L'auteur y rit de tout: du
bon et du mauvais, des autres et de lui-même.
Il va, il va toujours; toujours jetant son sar-
casme à la foule des grands génies qui passent
à sa portée. Eh bien! cette innocente raillerie,
qu'est-ce autre chose, sinon l'ironie élevée à
la hauteur de la critique? En effet, Jules Janin
pourrait-il autre chose que rire sans fiel, et se
moquer sans cruauté de cette littérature au
jour le jour, qui se fabrique aux quatre coins

dramatiques et littéraires de Paris, la bonne
ville? Pouvait-il parler sérieusement de ces
chefs-d'œuvre d'un jour, de ces grands hommes
de l'heure présente, de ces génies qui vont et
qui viennent, parcourant toujours le même
chemin pratiqué, et laissant après eux les
mêmes productions, sans saveur, sans odeur
et sans couleur! Jules Janin a donc pris le bon
parti, il s'est contenté de rire toujours. Il a
laissé de côté une science qui est grande, la
vieille connaissance de la critique latine et
grecque, la profonde étude des critiques, pour
faire de l'ironie. L'ironie est aujourd'hui sa
seule arme. Il ne sait que rire et se moquer ;
mais aussi quel rire franc et joyeux! Quelle
moquerie habile et naturelle! Quel tact exquis,
quelle colère de bonne compagnie et quel style
abondant, correct, expressif, limpide; style
aux mille formes, aux mille clartés brillantes,
nerveux, savant, châtié. Osant tout, excepté
le barbarisme et les fautes de français.

C'est donc une ironie précieuse, celle-là ;
elle a pour elle toute la ville, toute la province,
tout ce qui est jeune et avancé: elle a commencé

par irriter les vieillards, et à présent les vieillards eux-mêmes se mettent à l'applaudir (1),

---

(1) « Mon cher auteur, nous disait un aimable octogénaire,
excellent physionomiste, auquel nous lisions le manuscrit de
cet article, on ne trouve plus chez nous cette gaieté qui nous
distinguait des autres nations. 93 a tout gâté, je ne reconnais plus
mes bons et joyeux Parisiens; croyez-en mes souvenirs, leur abord
n'est plus si franc, leur visage aussi riant. Je ne sais quelle inquiétude vague a pris la place de cette humeur libre et enjouée,
qui en faisait un peuple à part. Trouvez-moi dans toute votre littérature un homme vraiment gai, un second Régnard. Voilà
un homme qui n'a jamais connu la tristesse, c'est là un vrai
Français, un Parisien d'esprit et de cœur. Si vous saviez, quelle joie
c'était, dans ma jeunesse, quand on représentait une comédie
de Régnard. Réduit à l'ignoble profession de cuisinier, chez les
barbaresques, Régnard fut peut-être aussi à plaindre que Gilbert
et plus malheureux que votre anglais Chatterton; mais rien n'altéra
sa gaieté. Non, reprit le bon vieillard avec force, non, votre siècle
ne sait pas vivre : il est sombre, atrabilaire, il a le spléen, il se
tue! C'est que la politique l'absorbe tout entier, la politique!
que de mal elle nous a fait, que de maux elle vous prépare! »

A Dieu ne plaise que je veuille déprécier le type que vous avez
choisi, ce choix, je l'eusse fait moi-même. Hélas! M. Jules Janin
n'est-il pas aujourd'hui le seul homme qui ait conservé religieu-
sement les traditions de la franchise, du joyeux vivre, de la bonne
humeur et de cette douce ironie que Mlle. de Scudéri comparait à un brillant feu d'artifice? Mais l'avouerai-je, sa gaieté même
m'afflige; il me semble, vétéran d'un joyeux siècle, que les plai-

tant ils sont bien assurés que celui-là parlera
Français. Ironie bien calomniée par les uns,
bien enviée par les autres, bien imitée et copiée
par tous; qui pourtant, en dépit de toutes les

---

santeries et la joie de l'auteur de Barnave et de l'Ane mort,
tiennent moins de la gaieté que d'une amère conviction
philosophique. Ne croyez pas que tout ceci soit le rêve
creux d'une tête édentée; non, parcourez en tout sens ce que
nous nommions le Parnasse, examinez avec attention ce génie
que j'ai vu naître, Victor Hugo, descendez jusqu'au dernier
poète qui se tue à défaut d'éditeur, partout vous ne trouverez que des figures horriblement soucieuses. Comment en
serait-il autrement, cette génération que vous préconisez tant,
que vous placez bien au-dessus des générations passées, n'a ni
conviction, ni avenir. La Salamandre, les Intimes, la Peau de
Chagrin, les Deux Cadavres et presque toutes les productions qui
se succèdent depuis quelques années, sont l'expression d'une pensée
intime. En vain, vous, les hommes d'hier, vous voulez nous tromper, nous les enfans d'autrefois; en vain, vos visages grimacent
ou s'épanouissent un moment, l'expérience, la triste et cruelle
expérience nous montre à découvert cette inquiétude vague qui
trahit le tourment intérieur de vos ames. Ne cherchez pas à le
nier, une main plus puissante que votre volonté de vingt ans
l'a écrit en traits indélébiles à l'endroit le plus apparent, là où
siège le génie, là où se lisent les grands malheurs, là où se de-
vinent les grandes fautes. Vous m'enviez, je le vois, cette connaissance intime du cœur de l'homme, mais vous oubliez, mon
fils, que c'est un des priviléges de la tombe! »

calomnies et de tous les plagiats, est et restera toujours, grâce à Dieu, l'ironie, c'est-à-dire le talent, l'esprit, la critique et la force.

Sénèque dit quelque part qu'il en est des esprits comme des terres qu'on ne doit ensemencer et cultiver que par intervalles, maxime sage et vraie, qui a été comprise et mise en pratique par les plus anciens philosophes : Socrate ne rougissait pas de lutter sur le gazon avec son fils ; César Auguste jouait aux dés avec des enfans qu'il recrutait aux coins des carrefours ; Scipion passait des journées entières à chercher des coquillages ; le vieux Caton chantait et buvait avec ses amis ; Henri IV jouait au cheval avec ses petits enfans, et c'était lui qui était le cheval; enfin, il n'y a pas jusqu'au terrible cardinal de Richelieu, cet homme tout rouge, qui ne prît grand plaisir à voir des petits chats jouer et gambader à ses pieds.

« Les oiseaux eux-mêmes, dit Cicéron, nous montrent qu'il est utile et nécessaire de tempérer le travail par la gaieté, car après avoir

péniblement cherché leur nourriture et con-
struit une demeure à leurs petits, ils voltigent
au hasard et accompagnent leurs ébats de
grands cris de joie. »

Esope, enfin, remarque qu'on est bien plus
apte à réfléchir quand, par la gaieté, on sait se
délasser à propos.

Une jeune et mélancolique femme de lettres
reprochait un jour à M. Janin sa gaieté inaltérable. Que voulez-vous, répondit-il, elle est
en moi, sans elle je deviendrais fou ; et puis,
reprit-il, après un moment de silence et en
nous désignant, demandez à Monsieur, il vous
dira que la joie et la Gaieté sont des panacées
infaillibles, nécessaires aux savans pour oublier
leurs études profondes, et à nous pauvres écrivains, hochets d'un moment pour ranimer
notre imagination et ne pas succomber sous le
faix du dégoût et de l'ingratitude.

On vous pardonnera tout, disait naguère
un jeune poète, richesses, noblesse et beauté,
on vous pardonnera tout, même le talent,

mais on sera inexorable pour le génie; aussi
M. Janin est-il souvent calomnié. Sans sa
verve, sans cette gaieté inaltérable, ce vieillard
de trente ans serait bien malheureux, car
il est écrit:

> Malheur à l'enfant de la terre,
> Qui, dans ce monde injuste et vain,
> Porte en son ame solitaire
> Un rayon de l'esprit divin! (1)

Heureusement notre ami sait qu'il est deux
choses auxquelles il faut se faire sous peine de
trouver la vie insupportable : les injures du
temps et l'injustice des hommes.

En physiognomonie le sentiment de la Gaieté se peint dans toutes les parties du visage,
par des contours doucement courbés et qui
n'ont rien de tranchant. Le même caractère
reparait encore plus distinctement dans l'avan-
cement de la lèvre inférieure, trait commun à
tous les enfans en bas âge.

---

(1) VICTOR HUGO, *Odes et Ballades.*

Nous renonçons à définir M. Jules Janin, la
tâche est trop rude pour notre inexpérience.
Certes on ne peut refuser à ce portrait un caractère poétique, une imagination fertile,
amie du merveilleux, beaucoup d'enjouement
allié à une grande sensibilité et une spirituelle
bonhomie. Certes cette tête porte partout
l'empreinte d'un heureux abandon, elle plane
sans effort, respire librement et exprime mer-
veilleusement cette jovialité piquante qui con-
vie au plaisir dont elle semble épier le moment;
mais donnez une définition complète de cette
imagination mobile, de cet esprit aux mille
aspects différens, de cette polémique aux mille
faces, tour à tour frivole, mesquine, folle, sé-
rieuse, honorable, écoutée toujours !

Allez donc vous heurter, vous qui commen-
cez, contre ce jeune homme qui écrit déjà depuis
si long-temps? Contre ce royaliste qui est un des
soutiens du *Journal des Débats;* contre cet écrivain de feuilleton si féroce, la plume à la main,
que le premier venu gouverne comme un enfant. Ce n'est pas à nous à vanter la tête de
Jules Janin, sans doute ce n'est pas là une

tête modèle : elle est grosse, rose, épaisse,
coupée en deux par d'épais sourcils noirs
comme de l'encre, elle est entourée de longs
cheveux flottans, bouclés et en désordre ;
il rit aux éclats en montrant de longues
dents blanches et larges comme le double
blanc au domino ; il est jovial, vif, animé,
bon garçon, abandonné, sans façon, gai,
joyeux, heureux ; mais enfin à tout prendre
et toute vulgaire que nous vous la disions, la
tête de J. Janin est la tête d'un homme d'esprit, de style et de goût. Souvent cette tête si
gaie se livre à des réflexions profondes ; souvent ce regard douteux est mouillé de douces
larmes ; souvent cette ironie amère fait place à
toutes les bonnes sympathies ; souvent ce rail-
leur impitoyable devient un chaleureux et naïf
orateur.

Il y a de tout dans l'ame, dans la tête
et sur le visage de M. Janin ; il y a de l'enfant,
il y a du vieillard, il y a de la science, il y a
de l'ignorance ; il est crédule, il est naïf, il
est inspiré ; il est souvent, il le dit lui-même,
bête à manger du foin. Nous le connaissons

à fond , nous qui le voyons chaque jour ,
à toutes les heures , heureux de rien , mais
aussi malheureux sans savoir pourquoi ;
passionné et enthousiaste dans les plus misé-
rables circonstances, froid et dédaigneux dans
les événemens les plus graves ; homme entouré
de haines et ne détestant personne , entouré de
rivaux et s'effaçant pour faire place à quiconque veut parvenir ; ingénieux esprit qui pouvait produire tant de choses et qui n'est plus
occupé qu'à la critique et à la louange , bon et
dévoué à ses amis , n'ayant rien à refuser à ses
ennemis , quand il sent que ses ennemis ont
besoin de lui ; ne s'inquiétant ni du mal
qu'il fait aux autres ni du mal qu'on veut lui
faire ; traitant les amours-propres contemporains comme il traite sa propre gloire ; indul-
gent , facile à vivre , n'ayant rien qui soit à lui ;
homme de luxe qui se tient dans une antichambre , toujours à pied avec des chevaux ,
excellent homme au fond (1) , tel est Janin.

---

(1) Qu'y a-t-il de remarquable à Paris? demandait la jeune et
jolie Henriette S..... à lord P... Quatre choses, lui répondit-il :

C'est bien pis encore, si nous le considérons
comme écrivain; en effet, Janin c'est l'écrivain
indéfinissable, extraordinaire; il n'appartient
à aucune des catégories instituées, il n'est
l'homme d'aucune coterie, aussi personne ne
le vante, que lui importe! il poursuit tout seul
le chemin qu'il se trace à lui-même chaque
matin en s'éveillant, et encore, dans son chemin
de vingt-quatre heures, le voit-on tantôt à
droite, tantôt à gauche, selon ses caprices du
moment. Depuis bientôt dix ans qu'il écrit,
M. J. Janin a beaucoup travaillé et beaucoup
produit. Entrez chez lui, la maison est ouverte.
Mᵉ. Hennequin n'est pas plus prêt à plai-
der que Janin n'est prêt à écrire. On sait
qu'il y a très-peu d'entreprises littéraires qui
n'aient recouru à sa plume si féconde ; encore,
a-t-il trouvé le temps d'écrire plusieurs romans :
Barnave, la Confession, les Contes, le Che-

---

l'œil poétique de M. Victor Hugo, le bon cœur de M. Jules
Janin, le silence de M. de Béranger et la canne de M. de Balzac.

THE ROVER.

min de traverse, *l'Ane Mort*, cette ironie sanglante que l'auteur a fini par prendre au sérieux. La préface de ses contes, éloquente page du cœur dans laquelle il parle de ses premières années, est, à notre sens, le meilleur morceau sorti de sa plume. »

Jules Janin c'est l'improvisation heure par heure, c'est le journal de chaque jour. Il représente le Journal comme M. de Lamartine représente l'Ode, comme M. Victor Hugo est le représentant du drame parmi nous.

Mais hélas! hélas, souvenez-vous de Janin, le journal c'est la gloire jetée çà et là, éparpillée au hasard, la gloire volante, la gloire qui ne dure qu'un jour.

Un jour, dit Janin, j'estime déjà que c'est bien long!

XXI.

IMITATION.

M. Henri Monnier.

L'avare des premiers rit du tableau fidèle
D'un avare, souvent tracé sur son modèle
Et mille fois un fat finement exprimé,
Méconnut le portrait sur lui-même formé.

BOILEAU.

L'organe de l'Imitation est situé des deux côtés de l'organe de la bienveillance, en général il est très-actif chez les enfans.

Lorsque cette faculté de l'Imitation ne passe pas avec le premier âge, ce qui arrive assez souvent, les individus qui en sont doués deviennent singulièrement aptes *à l'art du Mime.*

On sait que le docteur Gall conçut la première idée de cet organe, en examinant la tête d'un de ses amis qui possédait à un degré surprenant le pouvoir d'imiter et de contrefaire. On n'ignore pas non plus qu'il reconnut la même conformation organique chez un élève de l'admirable et philantropique institution des sourds-muets, qui, s'étant déguisé, pour la première fois, un jour de joyeux carnaval, imita parfaitement bien toutes les poses, toutes les habitudes, tous les ridicules des personnes qui fréquentaient habituellement l'établissement, sans en excepter le docteur Gall lui-même.

Cet enfant était tellement doué de cette faculté, l'Imitation, que Gall lui ayant mis sous les yeux la gravure de *l'ars, ratioque os distorquendi*, c'est-à-dire *l'art de grimacer* ou *de contourner méthodiquement sa figure*, le petit drôle en reproduisit les sept préceptes généraux ou les sept grimaces principales avec la plus grande vérité, et au rire général.

Il est à remarquer que les hommes doués de cet organe de l'Imitation, ne manquent jamais en rapportant un fait ou en raçontant une anecdote, d'imiter la voix, les gestes, l'allure et le regard des personnes dont ils parlent, avec tant d'aisance et de naturel que parfois vous croyez les voir (1).

---

(1) « Un malheur arriva à l'une des plus habiles interprètes de Thalie : Mademoiselle Mars, en faisant une promenade en voiture, versa, et on craignit pour elle un accident grave. »

« L'alarme fut au camp ; le médecin le plus distingué et le plus savant fut envoyé par l'empereur à notre camarade : le célèbre M. Desgenettes se rendit bientôt auprès de l'actrice renommée. »

« Déjà Talma était accouru auprès de la malade, je m'y trouvais aussi, et nous attendions, avec toute l'inquiétude de l'amitié, l'arrivée du dieu sauveur : il parut. Il vit mademoiselle Mars, lui parla, la rassura, donna quelques prescriptions de médecine, et après avoir rempli à merveille son rôle de docteur, il reprit celui d'homme aimable qu'il entend à merveille aussi. Je remarquai dans sa tenue, dans sa manière de porter la parole, dans son coup-d'œil si spirituel, et dans son langage si animé et si heureusement original, quelque chose qui me frappa ; ce contraste subit, d'ailleurs, entre le médecin de tout-à-l'heure et l'homme de cour d'à présent, me resta dans la mémoire, de façon que

L'Imitation fait les grands comédiens, c'est à cet organe que nous devons les Monrose, les Sanson, les Bouffé; Bouffé, l'inimitable; Bouffé le grand acteur dont la vue seule fait rire ou pleurer.

M. le baron Desgenettes m'appartenait désormais : je le mis avec mes croquis de choix. »

« L'occasion, ne tarda pas, de montrer mon savoir-faire, et un jour de réunion chez M. le comte Daru, on parla de l'accident de mademoiselle Mars; tout naturellement, Talma en vint aux louanges de M. Desgenettes; je ne manquai pas de faire écho, et je racontai l'aimable conversation du docteur; mais, *à mon insu, ma faculté imitatrice me revint*, et il paraît que je me mis tellement dans mon sujet que tout le monde s'écria : — « Venez donc entendre Fleury !.. c'est M. Desgenettes ! » J'avoue que je ne songeais nullement à pousser si avant l'art du narrateur, par entraînement, sans doute, *j'avais trouvé le ton, l'allure, et pour ainsi dire l'enveloppe du docteur :* Talma m'avertit; dès lors je cessai; mais l'attention avait été éveillée, surtout celle des dames, et il me fallut être grand médecin une partie de la soirée, je ne pouvais qu'y gagner.... Je me soumis. »

« A quelques jours de là, le comte Daru raconta à mon modèle ce qui s'était passé à la soirée, et il lui fit l'éloge complet de sa copie : « C'est que je ne sais, lui disait-il, si Fleury n'est pas plus ressemblant que vous-même; vous avez une telle vivacité, un tel impétueux dans le monde, une telle gravité, une

Après Bouffé, nous ne connaissons personne
qui possède plus le don de l'Imitation que
M. Henri Monnier. Pour celui-là, le ridicule
est son élément ; il le reproduit sous mille

---

telle noblesse à votre poste, que vous n'êtes vous que par nuance;
Fleury a fait un ensemble parfait de cela. Venez le voir, ou plutôt venez vous voir : nous l'aurons ce soir. »

« Je me trouvai donc de nouveau chez M. Daru, et qu'on juge
de mon étonnement lorsque M. le baron Desgenettes vint lui-
même me prier, en riant, de vouloir bien le remplacer pour un
instant auprès de la compagnie, en me faisant lui. Il mit une
instance si polie à cette invitation, que je le priai de vouloir bien
s'asseoir pour examiner si je m'acquittais comme il faut de sa
procuration. »

« Devant mon modèle, j'eus d'abord quelque timidité, mais
bientôt je m'échauffai; j'allai saluant à gauche et à droite comme
le docteur, touchant la garde de mon épée à sa manière; j'avais
en mémoire quelques-uns de ces mots heureux qu'on citait de
lui, je les enchassai aussi à propos que je pus; enfin m'appro-
chant d'une dame, et me souvenant de ma première entrevue
avec le docteur, chez mademoiselle Mars, je refis une partie de
la scène de consultation; puis, prenant congé, je dis adieu à
Talma et saluai Fleury. »

« Un applaudissement général partit. »

« M. Desgenettes enchanté, vint à moi. »

formes : la plume, le pinceau et le burin ne lui
suffisent pas, il se fait ridicule lui-même. C'est
ainsi que nous l'avons vu remplir à lui seul
plusieurs rôles dans la *Famille Improvisée*.

La tàche était difficile, mais qu'importe à
Henri Monnier, pourvu qu'il nous signale le
ridicule ; le ridicule voilà son piédestal. Il y a
loin pourtant du vieux *Coquerel*, admirateur
enthousiaste des charmes des Clairon, des
Raucourt et des Contat, à cette bonne vieille
mère Pitou, si passionnée pour la propreté,
la poudre sternutatoire et les bons procédés. Il
y a loin surtout de *Joseph Prudhomme, professeur d'écriture, élève de Brard et Saint-*

« — Comment avez-vous fait pour m'imiter ainsi ? me dit-il,
en souriant ; c'est qu'en vérité vous êtes plus sûr de votre exécution que moi de la mienne. Comment avez-vous fait ? »

« — M. le baron, le sais-je moi-même ! répondis-je. Demandez plutôt pourquoi je suis artiste. »

(*Mémoires de Fleury, de la Comédie Française* (1757 à 1820).
Tome II, 234.

Omer, expert assermenté près les Cours et Tr i bunaux, à ce butor trapu, négociant à Poissy, qui fume comme l'Etna et boit comme un cétacé.

M. Henri Monnier est vraiment admirable lorsqu'il se livre sans contrainte à son penchant pour l'imitation. Nous l'avons vu, l'an dernier, dans une maison où le sans façon est à l'ordre du jour, jouer un petit drame où il était tour à tour et instantanément: moribond, garde malade, voisine crédule, médecin grave et sentencieux.

Personne ne prise plus haut que nous le talent de Bouffé, et comment ne pas admirer Michel Perrin, le Père Grandet et Pauvre Jacques? mais, nous devons dire avec franchise que Bouffé tout observateur, tout grand comédien qu'il est, n'eût pas mieux rendu que M. Henri Monnier, ce célibataire catarrheux abandonné à son heure dernière aux soins mal. veillans d'une garde-malade, mégère impitoyable, brebis égarée rentrée tout récemment dans le giron de l'église, qui se venge sur un débris d'homme du mépris de tous les hommes.

Non, non, Bouffé n'eût pas mieux fait.
Comme les crachemens morbifiques du vieux
garçon sont déchirans ! Comme le cœur bat,
comme le sang bout, comme la colère monte
au front, au moment où madame Bergeret
(c'est le nom de cette nouvelle Xantippe) reproche au pauvre homme sa misère et son
agonie. Ses paroles sont dures, froides, tran-
chantes, c'est l'égoïsme au plus bas et au plus
haut degré, l'égoïsme qui s'est fait femme et
garde-malade !

Voici à peu près la petite scène improvisée
par M. Henri Monnier; le lecteur nous saura
gré, peut-être, de l'avoir mis à même de juger
cet aimable artiste sinon comme *mime* au
moins comme observateur.

Le malade tousse. Madame Bergeret prend tranquillement
son café.

Mme. BERGERET (à part).

Y paraît qu'ça n's'ra pas encore pour aujourd'hui.

LE MALADE (d'une voix plaintive).

Madame Bergeret... ma bonne... madame...
Bergeret !

Mme. BERGERET (égouttant sa tasse).

C'est ça qu'c'est ragoûtant d'avoir affaire,
pendant son déjeûner, à un graillonneur
comm'ça.

LE MALADE.

Madame Bergeret, êtes-vous-là ?

Mme. BERGERET (brusquement).

Et ben oui ..., après ?

LE MALADE (d'une voix éteinte).

Pouvez-vous venir un instant ?...

Mᵐᵉ. BERGERET.

(D'une voix d'écaillère) On y va !!! (trois notes plus bas) vielle bête, va !

On devine facilement que cette petite scène, d'un naturel qui ne laisse rien à désirer, se passe dans deux pièces différentes. Ici M. Henri Monnier, non moins puissant que le terrible enchanteur Merlin, nous transporte, non dans la merveilleuse caverne de Montésinos, mais dans la chambre du patient, il esquisse à grands traits sa figure blême et son chétif mobilier naguère si propre, si brillant sous la cire dont le pauvre malade aimait à l'enduire, aujourd'hui tout souillé par le sirop de Lamouroux et la graine de lin; puis le dialogue recommence plus acerbe que jamais entre les parties belligérentes :

LE MALADE (brisé par la douleur).

Madame.... ma chère madame Bergeret.... j'ai....

Mme. Bergeret.

Eh ben ! m'vla , voyons qu'qu'vous avez encor'à crier contre moi ?

Le Malade voit sa garde pour la première fois depuis quinze heures.

Le Malade.

J'ai passé une nuit affreuse... j'ai bien cru... aïe, aïe, ma... ma bonne madame Bergeret... que c'était... fini (ici M. Monnier, ou pour mieux dire le Malade, tousse à fendre l'ame). Dieu que j'ai souffert ! (nouvelle toux d'une effrayante vérité) Ah!... c'est trop souffrir... aïe, aïe, bon dieu faut-il mourir?...

Mme. Bergeret.

Comm' dit ct' Euphugénie d'M'sieu Rotrou qu'j'ai trouvée là , derrière vot' glace.... voulez-vous que j'vous lise ça? (elle prend la brochure,

mouille son pouce et retourne assez long-tems les feuillets)
à propos elles m'vont bien vos *consernes*, c'est
drôle comme j'ai la vue faible sans lunettes,
elles m'vont bien vos lunettes c'est tout mon
numéro (elle paraît avoir trouvé ce qu'elle cherchait, car
elle lit en nasillant, mais avec une attention marqué et en appuyant sur les mots que nous soulignons)

Mourir est un tribut qu'on doit aux destinées,
Où leur décret fatal n'a point prescrit d'années.
On doit sitôt qu'on naît : il faut, sans s'effrayer,
Quand la *mort* nous assigne, être prêt à payer.
La *mort* est un écueil fatal à tous les hommes :
Nous y sommes sujets dès l'instant que nous sommes.

LE MALADE.

Assez, madame Bergeret, assez, j'ai lu....

Mme. BERGERET.

Là, j'en étais sûre que vous alliez encore
grogner....

LE MALADE (impatienté).

Vous êtes partie hier de bien bonne heure?

Mme. BERGERET.

De bien bonne heure! Dieu de Dieu, de bien bonne heure!! Il était neuf heures passées et vous appelez ça de bonne heure? (avec une voix de cor-de-chasse) c'est bon, vous croyez donc bonnement que pour dix mal. heureux sous, que vous me donnez par jour, j'm'en vas m'échiner le tempérament à vous passer des nuits pour vous faire plaisir.... non.... merci, plus souvent.... pour dix malheureux sous....

LE MALADE (avec douceur).

C'est bien dur ce que vous me dites là, madame Bergeret, (nouvelle quinte plus opiniâtre.)

Mme. BERGERET (d'une voix flûtée).

T'nez, voyez-vous, mon cher monsieur, ce que c'est d'vous mettre en colère, *le bon Dieu vous punit!*

LE MALADE (furieux).

Donnez-moi.... (quinte terrible) donnez-moi ma potion.... aïe, aïe, quel supplice!

Mme. BERGERET.

Vous direz *s'il vous plaît* une autre fois, c'est trop commun n'est ce pas, *s'il vous plaît?*

LE MALADE. (Avec une énergie fiévreuse.)

Ma potion, madame! ma potion! ma langue est sèche.... mon palais brûlant.... ma potion! ma potion!

Mme BERGERET. (Aveç la plus grande tranquillité.)

T'nez, la v'là, c'te potion..... j'suis bien
bonne, ma foi.... comme dit la voisine , j'en
d'viens bête.

LE MALADE (prenant et buvant avidement la potion.)

Merci, madame Bergeret, je me sens
mieux.... je vous demande bien pardon de
vous avoir si brusquement parlé.

MADAME BERGERET (radoucie.)

C'est ben heureux. (Le malade cherche à se débar-
rasser de la tasse, madame Bergeret le regarde faire tranquillement, puis au bout de quelques instans elle reprend sa voix
de crieur public.) Là.... où allez-vous mettre votre
tasse maintenant.... allons , donnez-la-moi.....
ça s'ra plus tôt fait.... Ah ça ! vous savez que
vous n'avez bientôt plus de bois?

Le Malade.

Déjà !

Mme. Bergeret.

Comment déjà ! en v'là une de sévère ! je l'emporte, peut-être vot'bois le soir, de dessous mon tabellier.:.. avec ça qu'ça s'rait commode n'est-ce pas ?

Terminons cette esquisse de mœurs bien préférable, à notre avis, à toutes celles qui ont paru jusqu'à ce jour ; une plus longue analyse nous entrainerait trop loin, et pourtant c'est avec un vif déplaisir que nous ne vous parlons pas de la *Voisine* et du *Médecin*. Aussi imparfaite qu'eût été notre narration, vous perdez lecteur à ne pas connaître ce médecin. Auprès de lui, Joseph Prudhomme, 'professeur d'écriture, élève de Brard et Saint-Omer, expert assermenté, etc. etc., n'est qu'un petit garçon.

Avez-vous, Messieurs, Mesdames, les vais-
seaux mésaraïques variqueux, carcinomateux?
le pancréas engorgé? Ressentez-vous de ces
humeurs âcres ou acrimonies, fluctuosités, qui
agacent les bronches pulmonaires? Craignez-
vous la pthisie, l'étisie, la frénésie, la para-
frénésie, l'hydropisie, les pleurésies, les
dyssenteries, les dislocations, les palpitations,
les contusions? Allez voir, Messieurs, Mesdames, le médecin de M. Henri Monnier, le
protecteur de madame Bergeret, il vous don-
nera, au plus juste prix, le véritable exhilarant
qui prévient les coupures, les meurtrissures,
les foulures, les enflures de toutes sortes; la
panacée qui guérit la jaunisse, qui calme les
maux de dents, les tintemens d'oreilles, la
contraction des nerfs; le véritable élixir
apéritif, incrassant, cordial, stomachique,
cosmétique, céphalique, diaphorétique, anti-
septique; la véritable poudre béchique, an-
thelmintique; qui donne et entretient la santé,
qui conserve la beauté des dames, qui guérit
la cécité des maris, la surdité des créanciers;
voilà le remède unique, voilà le médecin de

M. Henri Monnier; grand remède et grand
médecin !

O Paul de Kock, Vernet, Odry, Arnal, et
toi gros et gras Lepeintre jeune, surnommé
par Henri Monnier, Bruscambille, comment
pouvez-vous dormir?

Il nous a été impossible de nous procurer le
portrait de M. Henri Monnier, cet aimable artiste n'étant pas à Paris en ce moment, nous
n'avons pu le faire poser. Comme nous l'avons
connu particulièrement et qu'il est peu de nos
lecteurs auxquels il soit étranger, nous n'en fe-
rons pas moins sa physiognomonie : mémoire
indolente, imitation bien prononcée, esprit
d'observation. Le seul contour extérieur du
visage, si nous avons la mémoire fidèle, dénote
l'harmonie de cet ensemble et indique moins
un penseur profond qui se livre aux observations abstraites qu'un joyeux et bon vivant,
gai et ouvert, ami des arts et du goût.

Rien n'est trop prononcé dans les contours
du visage de M. Henri Monnier, on y voit peu

d'angles, encore moins de cavités; tout, chez
cet habile artiste, à la fois observateur, auteur
et acteur, porte l'empreinte de la bienveillance,
de l'observation, de l'imitation et du goût.

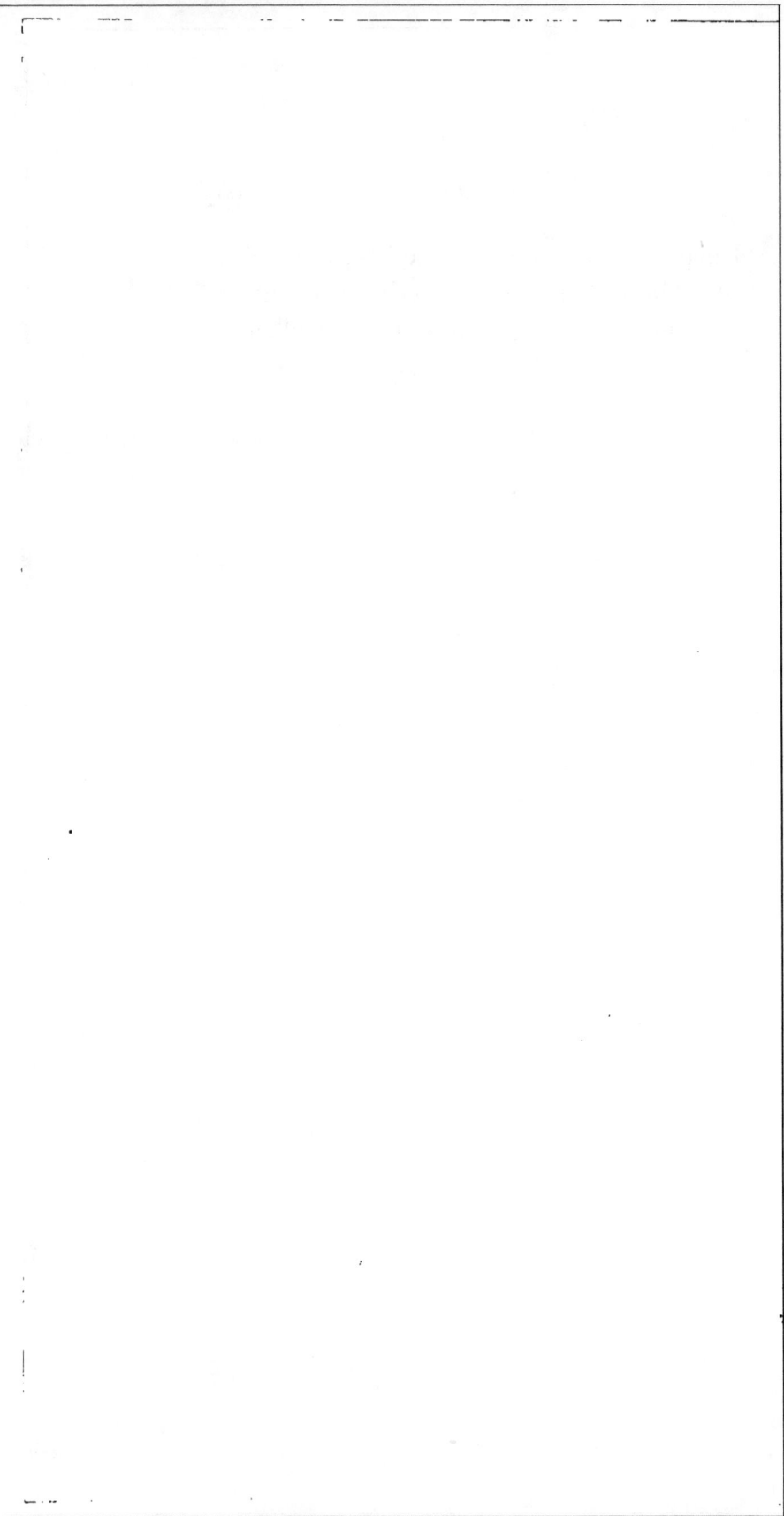

APPLICATION

DES PRINCIPES

PHRÉNOLOGIQUES

ET

PHYSIOGNOMONIQUES.

ORDRE IIᵉ.

Facultés Intellectuelles.

Leur but est de procurer des connaissances à l'ame.

GENRE Ier.

—●○○○●—

SENS EXTÉRIEURS.

L'ame et les sens, nés pour la même cause,
N'ont qu'un effet et qu'un même lien,
Sans les sens, l'ame est peu de chose,
Sans l'ame les sens ne sont rien,

C'est à l'aide des cinq sens que l'ame entre
en communication avec tout ce qui l'entoure.

Ce n'est pas sans raison que de l'intelligence
Dans les *sens* ébranlés on plaça la naissance;
Tout entre dans l'esprit par la porte des *sens* :
L'un écoute les sons, distingue les accens;
L'autre des fruits, des fleurs, des arbres et des plantes,
Apporte jusqu'à nous les vapeurs odorantes;
L'autre goûte des mets les sucs délicieux;
L'œil, plus puissant, embrasse et la terre et les cieux :
Mais, tant que le toucher n'a pas instruit la vue,
Ses regards ignorans errent dans l'étendue;
Les distances, les lieux, les formes, les grandeurs,
Tout est douteux pour l'œil, excepté les couleurs.

Mais le toucher ! grands Dieux, j'en atteste Lucrèce,
Le toucher, roi des sens, les surpasse en richesse ;
C'est l'arbitre des arts, le guide du désir,
Le *sens* de la raison et celui du plaisir (1).

« C'est une grande erreur, dit Spurzheim, de considérer les sens comme cause des facultés affectives et intellectuelles. »

« Chaque sens est double , et n'a qu'une sorte de fonction spéciale ou immédiate ; tandis que le même sens peut assister plusieurs fonctions. On peut voir les objets, leur étendue, leur configuration, leur couleur, leur nombre, leur mouvement, etc. ; toutes ces fonctions s'exécutent au moyen de la vue ; mais, d'après la Phrénologie , ces sortes de notions sont acquises par des fonctions inférieures, et la vue se borne à propager les impressions visuelles. »

« Le toucher, *parte divûm* , le plus noble

---

(1) DELILLE.

des sens est destiné à faire percevoir la tempé-
rature; le goût, les parties savoureuses des
corps; l'odorat, les odeurs; l'ouïe, les sons;
et la vue, la lumière et ses nuances. Toutes les
autres fonctions des sens sont médiates. »

GENRE IIème.

FACULTÉS PERCEPTIVES.

« Les organes de ces facultés et ceux du genre suivant sont situés dans le front. Pour bien juger du volume du front en général, ou de celui de tout organe intellectuel en particulier, il faut, dit Spurzheim, regarder chaque tête de profil, et voir si la région frontale est considérable ou peu développée, et dans quelle partie elle est plus saillante. Un front peut être perpendiculaire et très-petit, tandis qu'un autre, déclinant en arrière à la surface, peut être très-large et long, en considérant la masse depuis l'organe de la constructivité jusqu'à la surface du front. »

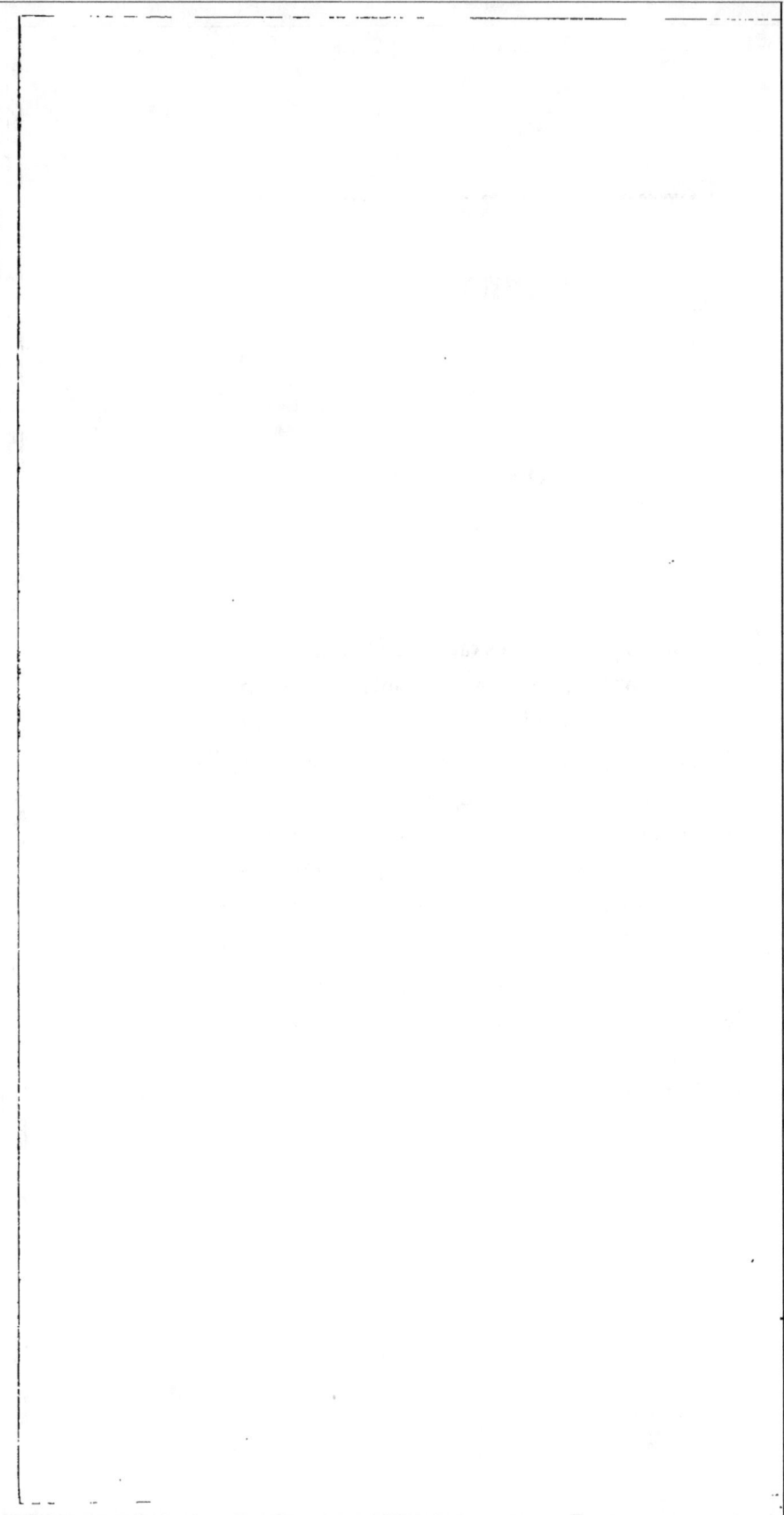

XXII.

INDIVIDUALITÉ.

M. Orfila.

> La plupart des hommes ont, comme les plantes, des propriétés cachées que le hasard fait découvrir.
>
> La Rochefoucault.

L'organe de l'Individualité est situé au-dessus de la racine du nez, entre les deux sourcils.

« Cet organe donne le désir et la puissance de connaître les objets en tant qu'existences pures et sans rapport aux usages qu'on peut leur attribuer. Elle se dirige de préférence vers certains objets particuliers, selon le genre de facultés avec lesquelles elle se combine. L'Individualité pousse à l'observation, elle est un élément important, sinon indispensable, du génie, pour ces sciences qui, telles que l'histoire naturelle, consistent à connaître les existences spécifiques. »

M. Orfila, qui possède cet organe de l'Individualité, ainsi que le prouvent ses ouvrages, sera bien étonné de trouver son nom dans des esquisses phrénologiques; lui que nous n'osons qualifier d'ennemi de la Phrénologie, mais qu'à coup sûr cette science ne doit pas ranger parmi ses nombreux adeptes. Qu'importe; il apprendra par nous que les Phrénologistes ne sont pas de ces hommes

> Qui ne permettent pas qu'on pense,
> Quand on ne pense pas comme eux (1).

M. Orfila ne croit pas en la phrénologie; tant

---

(1) Dorat.

pis pour la science, car c'est un terrible adversaire ; mais tant mieux pour nous , oui tant
mieux, car alors nous pouvons , sans crainte
d'être accusé de partialité , nous exprimer
franchement sur son compte.

M. Orfila n'est pas le plus grand chimiste du
monde, mais il est à coup sûr le plus habile ,
le plus infatigable, le plus zélé de tous les professeurs de notre faculté de médecine de Paris;
ce n'est pas le plus grand génie de la chrétienté, mais c'est assurément un adminis-
trateur éclairé, un homme de sens et de goût.

M. Orfila est peut-être plus qu'un grand
homme , c'est un homme utile.

« Il arrive souvent , dit Plaute , qu'un
homme ne l'emporte sur les autres que parce
que la fortune le favorise, et nous, nous at-
tribuons ses succès à son mérite. » Avouons-
le, ce n'est pas ici le cas de M. Orfila. Si notre
noble antagoniste a gravi rapidement les mille
degrés de l'échelle sociale, chose presque sans
exemple, il les a montés un à un, rendant à

chaque échelon, un nouveau service à la science, partant à l'humanité. C'est là une noble ascension, devant laquelle l'envie courbe son front pâle et livide !

Ne cherchez pas chez M. Orfila les passions pétulantes, le mépris du monde et de l'opinion, l'indépendance ; mais examinez attentivement cette figure qui n'est pas sans noblesse, et vous y trouverez tout ce qui constitue un savant aimable, un homme brillant ; adresse et droiture, douceur et tact exquis.

Ce n'est pas là assurément le portrait qu'en font certaines gens ; mais dites-nous, je vous prie, où la calomnie ne mord pas. Est-ce qu'il y a quelque chose de sacré pour elle ? Non, la calomnie ne respecte rien, pas même le génie de Napoléon.

M. Orfila est un des favoris du siècle, honneurs, richesses, considération ; renommée, rien ne lui fait faute ici-bas. Il a une noble passion dans l'ame, et il peut la satisfaire !

Que lui manque-t-il encore pour être content?
Que peut-on désirer de plus? nous sommes si
heureux avec bien moins.

Qui pourrait jouir renfermé dans sa sphère !
Mais tel de ce qu'il a désirant le contraire
Veut agrandir son cercle, et le rend plus étroit.
Du désir d'être heureux naît le malheur des hommes.
      Nous oublions ce que nous sommes,
      Occupés de ce qu'on nous croit.

XXIII.

CONFIGURATION.

— ◆ —

Le Bᵒⁿ Gros.

> Des passions il sait rendre les grands effets ;
> Et, plein de passion lui-même, il nous entraîne
> De la crainte à l'espoir, de l'amour à la haine,
> Du faîte de l'Olympe au séjour des remords :
> Il évoque l'absent, il ranime les morts ;
> Et des temps reculés nous retraçant l'histoire,
> Lui-même il éternise, à son tour, sa mémoire.
>
> COLLIN-D'HARLEVILLE.

L'organe de la Configuration qui fait les grands peintres et les grands statuaires, est situé à l'angle interne de l'œil. Lorsque cet organe est très-développé, comme chez le baron Gros, il pousse l'œil de dedans en dehors ; dans ce cas, il y a une grande distance entre les deux yeux.

Tome II.   10

« Un objet, dit Spurzheim, est inséparable de ses qualités physiques ; mais on peut admettre l'existence d'un objet, le concevoir comme un être, sans penser à ses qualités et sans les connaître. ».

« Parmi les facultés qui servent à prendre notice des qualités des objets, est celle de la Configuration ; elle sait tout ce qui concerne la forme, elle connait les personnes et donne aux artistes le talent de faire et d'imiter les formes. »

Le peintre du serment du Jeu de Paume, avait dans son atelier, au moment de la tourmente révolutionnaire, un jeune homme actif autant qu'intelligent, nommé Antoine-Jean Gros, qui suivait avec ardeur et persévérance les leçons et les exemples du réformateur de la peinture en France.

David connaissait trop bien le génie de l'art pour ne pas comprendre et deviner tout l'avenir d'un jeune homme qui adoptait avec amour et enthousiasme les novations de son maître, et qui ne craignait pas quelquefois de les dépasser. David, avec tout son génie, avait une bonne part des faiblesses humaines et, soit qu'il eût la certitude que son élève deviendrait pour lui un rival dangereux, soit qu'il ne voulût pas permettre que la réforme, qu'il introduisait dans l'art, sortît des bornes qu'il voulait y mettre, sans décourager le jeune Gros, il favorisa peu ses débuts. Chose bizarre et sans exemple, ce grand peintre, cet immortel génie qui avait été victime, dans sa jeunesse, des jalousies, des préventions et de la routine des Académiciens de son temps, nommé baron et membre de l'Institut, devint, à son tour, professeur impitoyable, maître intolérant!

Les différentes nécrologies qui ont paru depuis la mort du baron Gros, nous apprennent qu'il composa, à trente ans, son tableau de *Bonaparte* à *Arcole*.

« Alors, dit un biographe, le mérite de l'œuvre fut plus fort que les préventions des professeurs, et il fallut renoncer à contester au jeune artiste, un talent que l'opinion publique proclamait incontestable. C'est qu'en effet il y avait dans ce tableau une figure traitée avec tant d'habileté; que jamais, l'on a fait mieux, quoique plusieurs fois on ait voulu, ou qu'on ait cru ajouter à la beauté du modèle, en le reformant au moule des belles têtes antiques. »

« La figure du général Bonaparte est une des plus belles choses de la peinture moderne: il y a tout le génie, toute la poésie, toute la haute supériorité qui l'a environné depuis le commencement de sa carrière, et il joint à cela une vérité et une ressemblance frappantes. Gros a peint l'homme tel qu'il l'a vu, tel qu'il devait le comprendre à cette époque; c'est tout l'héroisme du jeune républicain, austère, ardent, infatigable, et tout le génie du général, du diplomate, du législateur, qui a depuis étonné l'Europe. Gros n'a presque rien ajouté à l'expression ordinaire de la tête, à laquelle il n'a donné que le mouvement en harmonie avec l'action qu'il avait à peindre. Gros est celui qui a le mieux vu cette belle et noble tête de Bonaparte général,

que l'on a souvent comparée aux types de la
statuaire romaine. Il ne l'a jamais peinte, depuis, avec autant de bonheur; mais personne
non plus, Louis David lui-même, n'a atteint
à un aussi haut degré de poésie et de vérité.
Nous avons vu, il y a peu de temps, l'esquisse
faite d'après nature, pour ce tableau, et pour
laquelle Bonaparte n'a donné que deux séan-
ces; il est incroyable combien peu l'artiste a eu
à changer de cette physionomie de l'homme
assis dans un fauteuil, pour en faire le chef
militaire se jetant, un drapeau à la main, au-
devant de la bouche des canons autrichiens. »

Léopold Robert, jeune, paré de lauriers
mérités, s'est donné la mort par dégoût de la
vie, disent les uns; parce qu'il y avait une
place dans sa vie pour une affection, disent les
les autres, et que cette place n'était pas remplie. L'ingrat s'est tué parce qu'à ses yeux ni
l'art, ni le talent, ni la fortune ni nos applaudissemens ne pouvaient remplacer une pensée
d'amour. Par une fatalité inconcevable, c'est
aujourd'hui le tour du baron Gros.

Né à Paris en 1771, le baron Gros qui comptait presque deux fois l'âge du jeune et malheureux Léopold; le peintre de Jaffa, d'Aboukir, d'Eylau, le baron Gros, le front courbé sous les lauriers, comblé de gloire et d'honneurs, riche, mais surtout robuste, ardent et infatigable comme à vingt ans, le baron Gros s'est dégoûté de la vie!

Un jour, l'élève de Louis David a cru entrevoir que la vie n'était plus pour lui qu'une vieillesse honorée, une vieillesse où le génie et la verve la plus entraînante ne sont plus qu'une ombre; comme si un noble vieillard n'était pas toujours l'ombre la plus noble et la plus respectée du jeune homme de génie et de talent!

Le baron Gros, le plus grand artiste de l'empire, a travaillé quarante-quatre ans; l'Empereur lui a donné la croix d'honneur, les Bourbons, qui ont toujours encouragé les arts, l'ont nommé baron; la France reconnaissante lui doit un monument digne d'elle; mais la postérité fera plus pour le grand nom de Gros:

elle rendra perpétuelle l'admiration que ses
contemporains ont toujours manifestée pour
ses belles et chaleureuses compositions. Que
d'orages ont passé par ici ! mais ce front ridé
a produit tout ce qu'une grande et vive intelligence pouvait enfanter ; malgré les glaces de
l'âge, il y a encore de la passion dans ces yeux,
du génie dans ces sourcils.

Hélas ! hélas ! ce cerveau si vaste ne pensera
plus, la passion n'échauffera plus le cœur du
grand peintre. Nous ne verrons plus la main
magique qui a écrit avec quelques coups de
pinceaux l'histoire du plus grand peuple et
du plus grand homme de la terre !

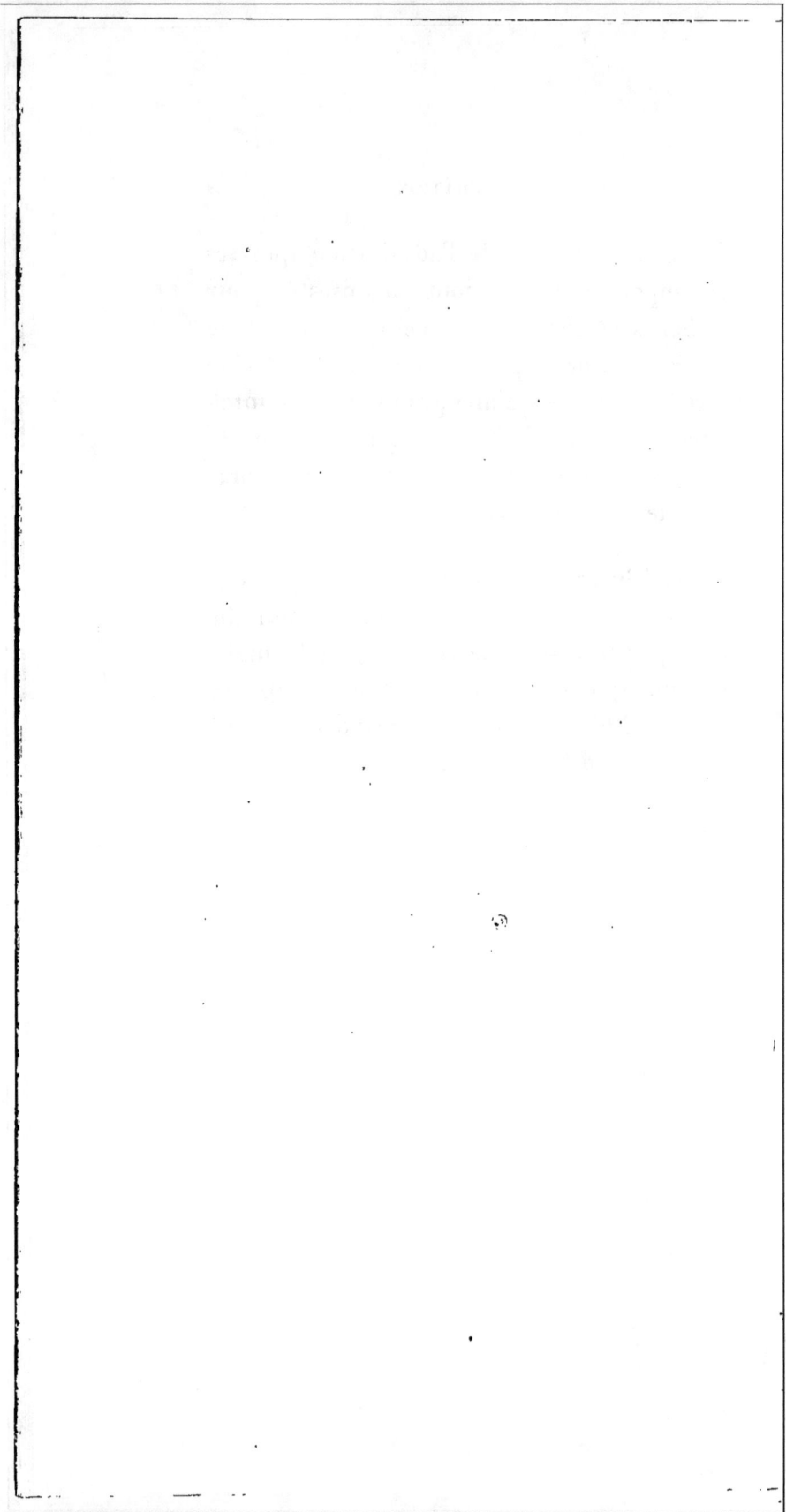

XXIV.

ÉTENDUE.

M. Arago.

> . . . . Aux célestes voûtes
> Elevant ses hardis regards,
> Parcourt les inégales routes
> Que tiennent les astres épars ;
> Prévoit quel corps dans leur carrière,
> Doit nous dérober la lumière,
> Et nous en prédit les instans ;
> Sait *leur distance et leur mesure*,
> Et tous les rangs que la nature
> Leur a prescrit dans tous les temps.

L'organe de l'étendue aboutit au bord interne de l'arc sourcillier, il est indispensable aux géomètres, aux astronomes, aux architectes et aux musiciens.

Dominique-François Arago, voilà un grand
nom pour la science, une grande illustration
pour notre belle France. C'est là une vie de
savant, pleine et laborieuse.

Croirait-on qu'à l'âge où les enfans d'aujourd'hui parlent chevaux, économie domestique, ou romans nouveaux; à l'âge où nos
jeunes collégiens renoncent au *monde et à ses
vanités,* pour se jeter à corps perdu dans la
politique, comme si la vie n'était pas semée
d'assez de déceptions, à quatorze ans enfin,
M. Arago ne savait pas lire !

Mais six ans plus tard, si nous en croyons
les biographies, le nom d'Arago figurait avec
honneur parmi les plus grands noms savans de
l'Europe ! Aujourd'hui :

Atlas de tous les cieux qui reposent sur lui,
Il les fait l'un de l'autre et la règle et l'appui;
Il calcule leur cours, leur grandeur, leur distance.
C'est en vain qu'égarée en ces déserts immenses,
La Comète espérait échapper à ses yeux;
Fixes ou vagabonds, il saisit tous ses feux,

Qui, suivant de leur cours l'incroyable vitesse,
Sans cesse s'attirant, se repoussant sans cesse,
Et, par deux mouvemens, mais par la même loi,
Roûlent tous l'un sur l'autre, et chacun d'eux sur soi.

Hypparque, Ptolémée, Copernic, Galilée, ombres vénérées, inclinez-vous devant cet homme qui a surpassé Bacon et vaincu Newton, le grand Newton lui-même !

Un biographe de 1738, raconte, en parlant de l'Hippocrate de la Hollande, Boerhaave, que sa réputation était telle, qu'un mandarin très-lettré et astrologue très-distingué, lui écrivit avec cette seule adresse: *à l'illustre Boerhaave, médecin, en Europe.* Pour nous, si nous avions à écrire à M. Arago, ce que nous tiendrions à grand honneur, nous nous contenterions de cette suscription non moins vraie, non moins laconique que celle du mandarin lettré : *au plus profond des professeurs, à l'Observatoire de Paris.*

M. Arago est, à n'en pas douter, un homme d'un caractère ferme, indépendant, sérieux; expliquons-nous : nous ne prétendons pas éta-

blir ici que M. Arago soit un homme qui ne
rit jamais, mais nous définissons par ce
mot *sérieux*, un homme qui ne choque pas
les bienséances de son état, de son âge et de
son caractère. Locke, par exemple, était naturellement sérieux, mais il était loin pourtant
de prendre ces airs de gravité par lesquels
certains hommes du monde et particulièrement
certains philosophes de nos jours veulent se
distinguer du reste des hommes. Il se plai-
sait même quelquefois à tourner la gravité
en ridicule, et il citait souvent cette admirable
définition de la Rochefoucault: la gravité est
un mystère du corps pour cacher les défauts
de l'esprit. Nous n'avons parlé que des principaux traits du noble caractère de M. Arago,
poursuivons notre examen.... Mais à quoi bon,
les autres indices physiognomoniques des hautes facultés de cette grande ame sont tellement
et si profondement empreintes sur tout ce visage, que nous laisserons volontiers au lecteur
le soin de les deviner et d'en tirer des conclu-
sions.

La tâche sera aussi courte qu'agréable.

XXV.

PESANTEUR. — RÉSISTANCE.

M. le B⁰ⁿ C. Dupin.

« Les idées du poids, de la résistance et de
la consistance ne peuvent être attribuées à
aucun des sens extérieurs. Pour les acquérir, les muscles sont employés par une force
extérieure. »

SPURZHEIM.

L'organe de la Pesanteur et de la Résistance,
très-développé chez M. le baron Dupin, est
situé à l'extérieur de celui de l'étendue. « Il
n'y a point, dit Georges Combes, d'analogie
apparente entre la résistance des corps et leurs
autres qualités. En effet, ils peuvent offrir
toutes les formes, toutes les dimensions, toutes
les couleurs; ils peuvent être liquides ou solides,
sans que nul de ces traits implique nécessaire-

ment que l'un soit plus pesant que l'autre.
Cette qualité est donc distincte, et logiquement nous n'en pouvons rapporter la connaissance aux facultés de l'esprit qui jugent des
autres attributs de la matière. Le pouvoir
mental existant avec certitude, on peut raisonnablement présumer qu'il se manifeste au
moyen d'un organe spécial. Or, on a remarqué
que les enfans qui excellent à tirer de l'arc et
à jouer aux palets, et les personnes qui ont
beaucoup de facilité à juger du poids et de la
résistance dans les machines, possèdent un
grand développement de la partie du cerveau
située près de l'organe de l'étendue. »

Si l'organe de la Pesanteur et de la Résistance
est indispensable aux personnes qui comme
M. le baron Dupin professent et pratiquent
les arts mécaniques, il n'est pas moins nécessaire aux marins, aux pompiers, mais
surtout aux danseurs; demandez à M. Taglioni.
Les frères Franconi et madame Saqui vous diront aussi que sans cet organe il n'y a pas
d'équilibriste possible.

Puisque nous avons parlé d'équilibre, disons un mot du grand art de la voltige, c'est-
à-dire de l'instinct de la Pesanteur et de la
Résistance personnifiées.

Qui n'a pas vu madame Saqui, lorsqu'à
Tivoli, au milieu de l'épouvantable déto-
nation des pièces d'artifice et de leurs tourbil-
lons de fumée, calme, à la lueur fantastique
et brillante de mille feux de cent couleurs,
debout sur une corde tendue obliquement à
plus de soixante pieds de hauteur ; elle suivait
la route étroite et périlleuse qui la conduisait
au faîte du grand mât pavoisé ; lorsque déro-
bée à tous les regards par les ondulations
épaisses et résineuses qui s'accumulaient autour d'elle, madame Saqui reparaissait plus
légère et plus brillante, l'imagination la moins
poétique, à voir sa robe flottante, d'un blanc
de neige, sa démarche assurée, ne pouvait
s'empêcher de la comparer à une fée rega-
gnant sa céleste demeure ; mais bientôt tout le
monde frémissait en songeant que cette fée
n'était autre que madame Saqui en chair et
en os.

Certes, plus d'un de nos lecteurs, en voyant
la hardiesse des ascensions de cette Taglioni
de la corde raide, s'est écrié avec nous : c'est
prodigieux ! on n'a rien vu comme cela ! Et
bien, il y a quatre cent cinquante ans, nos
pères connaissaient les Funambules. C'est au
moins ce que nous apprennent les chroniques
du temps (1).

----

(1) Les Funambules qui semblent destinés à rester toujours
dans la sphère des *artistes* nomades, commencèrent à exercer et
à professer leur art sous les règnes de Charles V et de Charles VI.
Un d'eux, dit Christine de Pisan, voltigeait sur une corde tendue
depuis les tours de Notre-Dame jusqu'au Palais de Justice ; il
semblait qu'il volât, dit-elle, aussi eut-il le surnom de *Voleur*.
Un jour, cela devait arriver tôt ou tard, le nouvel Icare se laissa
choir sur la place du Parvis, et, chose facile à prévoir, il se cas-
sa les reins et rendit l'ame au même instant.

Plusieurs aventuriers s'illustrèrent dans ce singulier genre d'industrie, nous lisons, qu'en 1510, un certain Georges Munster,
acrobate et baladin, exécuta le voyage aérien des tours Notre-
Dame, en présence de Louis XII et de sa Cour ; qu'il rendit encore l'entreprise plus périlleuse en y ajoutant quelques culbutes
hardies et savantes, qui le placèrent dans l'opinion du père du
peuple et des contemporains, bien au-dessus de ses devanciers.

Froissard dit qu'à l'entrée d'Isabeau de Ba-
vière, il y avait à la Porte aux Peintres (²), rue
Saint-Denis :

« UN CIEL NUÉ ET ÉTOILÉ TRÈS-RICHEMENT, ET
DIEU PAR FIGURE SÉANT EN SA MAJESTÉ, LE PÈRE,
LE FILS, ET LE SAINT-ESPRIT ; ET DANS LE CIEL,
PETITS ENFANS DE CHŒUR CHANTOIENT MOULT DOUL-
CEMENT EN FORME D'ANGES ; ET LORSQUE LA ROYNE
PASSA DANS SA LITIÈRE DÉCOUVERTE SOUS LA PORTE
DE CE PARADIS, DEUX ANGES DESCENDIRENT D'EN
HAUT, TENANT EN LEURS MAINS UNE TRÈS-RICHE COU-
RONNE D'OR GARNIE DE PIERRES PRÉCIEUSES, ET LA
MIRENT MOULT DOULCEMENT SUR LE CHEF DE LA
ROYNE, EN CHANTANT CES VERS :

DAME ENCLOSE ENTRE FLEURS DE LYS,
ROYNE ÊTES VOUS DE PARADIS,
DE FRANCE, ET DE TOUT LE PAYS ?
NOUS REMONTONS EN PARADIS. »

A l'occasion de cette entrée, Jean Juvenal

_____

(2) Cette porte était située presque vis-à-vis de la rue du Petit-
Lion.

des Ursins raconte que Charles VI voulut la
voir et qu'il dit à Salvoisi, son favori :

« SALVOISI, JE TE PRIE QUE TU MONTES SUR MON
BON CHEVAL ET JE MONTERAI DERRIÈRE TOI, ET NOUS
NOUS HABILLERONS DE FAÇON QU'ON NE NOUS CO-
GNOISSE POINT, ET IRONS VOIR L'ENTRÉE DE MA
FEMME.... ET ALLÈRENT DONC PAR LA VILLE EN
DIVERS LIEUX, ET S'AVANCÈRENT POUR VENIR AU
CHATELET A L'HEURE QUE LA ROYNE PASSAIT OU IL Y
AVAIT MOULT DE PEUPLE ET GRANDE PRESSE, ET FOI-
SON DE SERGENTS A GROSSES BOULAIES, LESQUELS
POUR EMPÊCHER LA PRESSE, FRAPPOIENT DE CÔTÉ ET
D'AUTRE DE LEURS BOULAIES BIEN ET FORT ; ET LE
ROY ET SALVOISI TACHOIENT TOUJOURS D'APPRO-
CHER; ET LES SERGENTS QUI NE COGNOISSOIENT POINT
LE ROY NI SALVOISI, FRAPPOIENT DE LEURS BOULAIES
DESSUS, ET EN EUT LE ROY PLUSIEURS HORIONS SUR
LES ÉPAULES BIEN ASSIS ; ET LE SOIR EN PRÉSENCE
DES DAMES ET DAMOISELLES, FUT LA CHOSE RÉCITÉE,
ET ON COMMENÇA D'EN BIEN FARCER, ET LE ROY MÊME
SE FARÇOIT DES HORIONS QU'IL AVOIT REÇUS. »

Mais laissons dormir en paix Charles VI et
les acrobates, et parlons un peu d'une autre

industrie qui ne peut s'exercer que tout autant qu'on est doué, à un assez haut degré, du sentiment de la Pesanteur et de la Résistance; cette industrie, c'est celle de *jongleur indien!*

Tout le monde connait le jongleur indien, gros gars de Limoges ou de Clermont, d'une dextérité remarquable. Il est peu de Parisiens, encore moins de nos compatriotes de la Province qui ne se soient arrêtés devant cet homme, émerveillés, fascinés par sa force musculaire et ses exercices surprenans. Qui ne l'a pas vu, entr'autres tours de force et d'adresse, faire preuve de ce sentiment exquis de la Pesanteur et de la Résistance, en jetant successivement en l'air cinq ou six couteaux aigus et tranchans, les saisissant, les faisant remonter tour à tour et les maintenant assez longtemps dans un mouvement rapide et alternatif.

Ce genre d'amusement, dédaigné par quelques personnes, est plus digne qu'on ne croit de fixer les regards de l'homme vraiment doué d'un esprit observateur, en ce qu'il rappelle un spectacle pareil remarqué chez les peuples du second hémisphère, au moment où les navigateurs les visitèrent pour la première fois.

Ecoutons le capitaine Cook, ou plutôt Forster, un des compagnons de sa seconde expédition, car c'est ce naturaliste qui fit cette remarque intéressante à Tongataboo, une des îles des Amis. « Quelques femmes chantaient, dit la relation, mais une jeune fille, d'une physionomie charmante, et dont les longs cheveux noirs et bouclés retombaient avec grâce sur ses épaules, paraissait surtout fixer l'attention de la société et la distraire. Elle jouait avec cinq gourdes, de la grosseur d'une petite pomme et parfaitement rondes, qu'elle jetait sans cesse en l'air, l'une après l'autre, et avec tant d'adresse que, pendant un quart d'heure, elle ne manqua pas une seule fois de la ressaisir. » (1)

Ne pensez-vous pas avec nous, lecteurs, que ce rapprochement prête un charme puissant au jeu des couteaux ascendans et descendans.

------

(1) Voyage de Cook.

Aussi notre jongleur indien, fort de l'intérêt intrinsèque d'un spectacle que tout le monde, pour peu qu'il ait lu les voyages du capitaine Cook, doit être en état d'apprécier, ne s'amuse-t-il pas, comme les saltimbanques subalternes à faire des prologues et des paradoxes. Il s'avance, salue (car il est poli comme un franc Auvergnat), et sans dire un mot il met la main à l'œuvre; seulement s'il lui arrive de se tromper, ce qui est rare, il s'adresse à lui ces paroles prononcées d'un ton grondeur: *Ah! que tu es bête!*

Un mot encore sur les couteaux ascendans et descendans : ne sommes-nous que les imitateurs de ce jeu qui, en 1774, fut trouvé en vogue à quatre ou cinq mille lieues de notre continent, au beau milieu de l'immense mer du sud, et presque chez nos antipodes? ou l'imagination humaine l'avait-il à la fois produit sur les deux hémisphères?

Nous laissons à la sagesse de nos lecteurs le soin de résoudre cette question que nous trouvons toute posée dans un livre peu connu, au-

quel nous empruntons une partie des documens,
qui composent cet article; nous nous contente-
rons de leur faire observer, avec M. Gouriet,
que déjà ces braves Indiens avaient, à peu de
différences près, imaginé notre Jeu de Dames.

Avant d'être emporté par ce penchant irrésistible qu'on nomme le goût, quelquefois la
vocation, nous exercions une profession honorable sinon brillante, une profession qui exige
de la part de l'ouvrier plus d'étude et de notions qu'on ne le pense généralement. En ces
temps là, comme aujourd'hui, M. le baron
Charles Dupin, enseignait gratuitement les
premiers élémens de la mécanique, et nous
étions, par état, l'un de ses élèves les plus assi-
dus. Aussi, en consultant nos souvenirs et en
nous appuyant des principes de la physiognomonie, pouvons-nous parler, presque à coup
sûr, du caractère de cet habile professeur.

C'est bien là une tête de mathématicien,
une tête qui réfléchit tranquillement.

Qui ne reconnaitrait chez M. Charles Dupin,

l'homme naturellement bon, doux, modeste
et sincère, qui joint beaucoup de finesse, d'esprit, au talent de la parole; la bouche et son
expression justifient pleinement cette opinion
qui est encore confirmée par la coupe du visage.
Ce n'est pas ici la tête d'un écervelé qui parle
en l'air sans peser ses paroles, et en effet, telle
ne nous a pas paru l'habitude de M. Dupin;
dans son cours, chaque parole portait, parce
que nous savions tous qu'il tournait et retour-
nait ses pensées et ses mots de tous les côtés et
qu'il ne se hasardait à les énoncer qu'après y
avoir réfléchi mûrement.

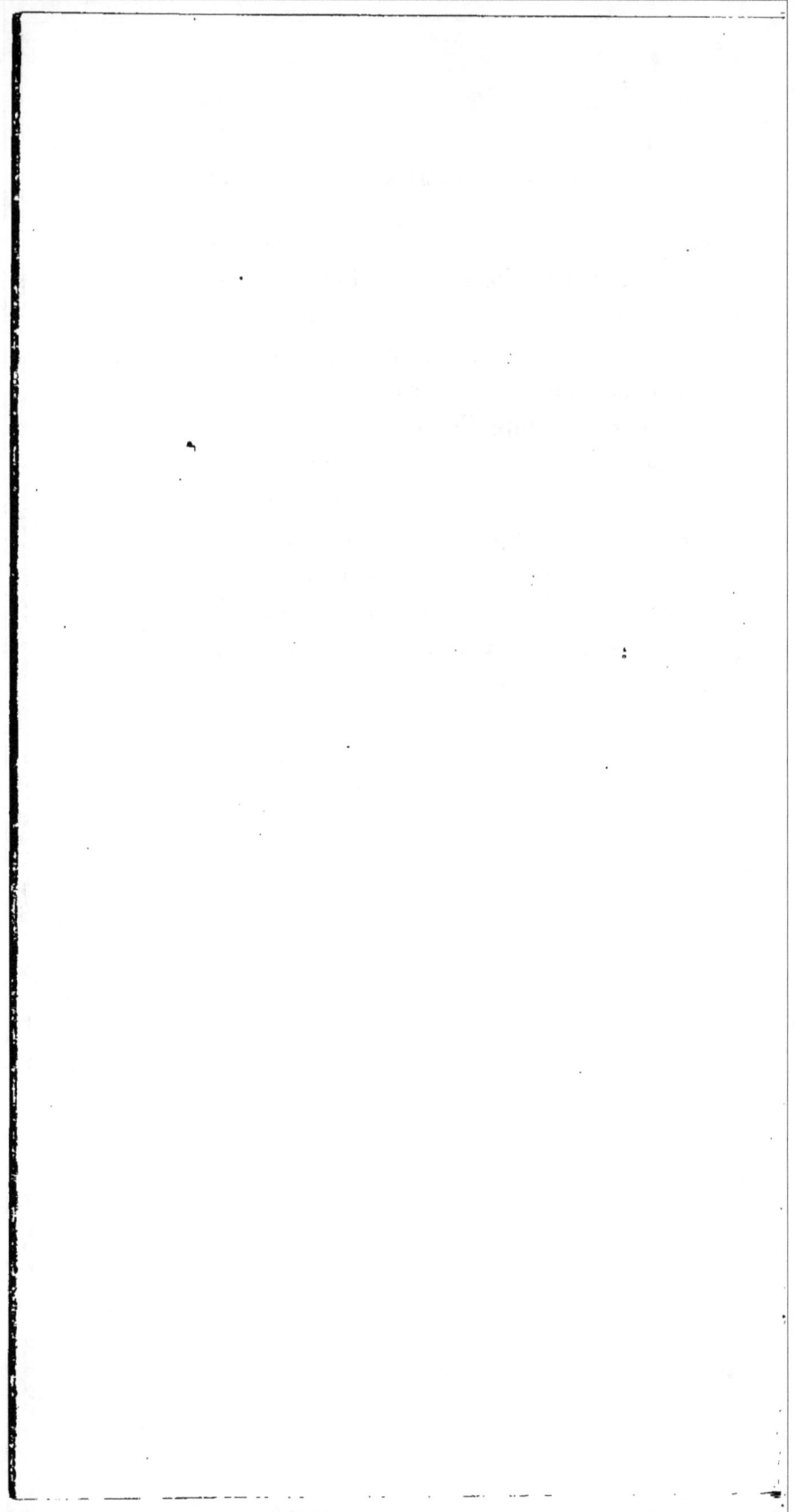

XXVI.

COLORIS.

M. Paul Delaroche.

« N'est-ce pas cette faculté qui rend la vue des fleurs
et des couleurs si agréable? »

Le Dr. LEGRAS.

L'organe du Coloris, situé à l'extérieur du précédent, au milieu de l'arc sourcillier, est toujours large quand cet arc s'élève dans sa direction latérale.

On croit généralement, mais à tort, qu'il suffit d'être pourvu d'une bonne vue pour distinguer et juger sainement les couleurs. Les yeux, à la vérité, font connaître la lumière, ils s'en montrent affectés agréablement ou dé-

sagréablement; mais il n'en faut pas conclure
qu'ils aperçoivent également bien les rapports,
le nuancé des couleurs, l'expérience enseigne
au contraire que ces fonctions appartiennent à
une faculté intérieure que les Phrénologistes
désignent sous le nom de *Coloris.*

Pour prouver d'une manière incontestable,
ou à peu près, qu'une vue perçante ne suffit
pas toujours pour prononcer d'une manière
satisfaisante sur l'harmonie ou désharmonie
des couleurs, nous citerons deux faits contra-
dictoires : notre meilleur peintre de fleurs,
le vainqueur des Van-Huysum, des Van-
Spaëndone, n'est pas doué d'une vue perçante,
au contraire, un de nos amis, grammairien pro.
fond et spirituel (qualités qu'avant M. Charles
Nodier, on croyait incompatibles), possède
une vue des plus perçantes; mais, pour lui,
rouge et noir ne font qu'un; aussi manque-t-il
absolument de ce numéro XXVI, dont la nature s'est montrée si prodigue envers MM. Gérard, Vernet, Hersent, Garnier, Delaroche,
etc.

Le Mierre, dans son poëme de la peinture,
dit :

D'abord à la peinture on ne pouvait atteindre,
Tout parut plus facile à modeler qu'à peindre.

On peut en effet regarder la peinture comme
la sœur cadette de la sculpture.

Il règne une grande indécision sur l'origine
de la peinture, et plus particulièrement sur les
lieux où elle a pris naissance. Quelques historiens la font naître à Sicyone; d'autres, c'est le
plus grand nombre, soutiennent *mordicus*,
qu'elle naquit à Corinthe. On lit dans Pline,
que les Romains connurent et pratiquèrent
la peinture de très-bonne heure. Une branche
de la famille des Fabius, en tira même le surnom de *Pictor* et le premier qui le porta,
peignit, vers l'an de Rome 450, le temple de
la déesse *Salus*. Mais voici venir les Egyptiens,
eux aussi revendiquent l'honneur de la prééminence, « cet art divin, disent-ils, était ho-
noré chez nous plus de six mille ans avant
qu'on y songeàt dans la Grèce. » Six mille ans,
c'est beaucoup !

Mais laissons l'origine de la peinture dans
es ténèbres, qui l'entourent comme un vaste
manteau, et cherchons dans les différentes
phâses de son histoire, des faits plus positifs.

Chez les Grecs la peinture avant le siège de
Troie, consistait uniquement à représenter
sur une simule-glace, la figure en profil d'un
héros mort, d'un demi-Dieu ou d'un Dieu,
mais comme cette méthode des contours ne
marquait pas les traits du visage et ne suffisait
pas pour rendre le héros reconnaissable, le
peintre gravait modestement au bas de son ouvrage, le nom de celui qu'il avait voulu représenter.

Cléophante de Corinthe, nous parait être
l'inventeur de la peinture coloriée, son procédé
fort simple, mais assurément fort ingénieux
pour le temps où il fut employé, consistait à enduire un plateau de terre cuite et broyée d'une
sorte d'ocre rouge, qui plus ou moins délavée,
simulait, tant bien que mal, la carnation.

Huit siècles avant J.-C., ou environ, Bulaschus, introduisit l'usage et le mélange de plusieurs couleurs dans un même tableau, c'est à lui aussi qu'on doit la connaissance première, des lumières, des teintes et des ombres.

Panænus, doué de ces organes de la Configuration, de l'Individualité et du Coloris qui font les grands peintres et les bons peintres de portraits : Panænus, disons-nous, mettant à profit les données de ses prédécesseurs, peignit la bataille de Marathon, et immortalisa son œuvre, en l'enrichissant des figures fort ressemblantes, des principaux chefs des deux armées.

C'était beaucoup déjà, mais il était écrit que l'art devait marcher à pas de géant ; Apelles parait, Apelles, le plus grand peintre des temps anciens. Nous ne répéterons pas tout ce qu'en dit Pline le naturaliste; nous n'essaierons pas de peindre l'enthousiasme qu'excita le portrait d'Antigone et celui de Vénus sortant du bain, qu'Auguste acheta des habitans de l'île de Cos; nous passerons même sous silence l'histoire merveilleuse de ce cheval si admira-

blement et si chaudement reproduit que les
cavales hennissaient en le voyant. Nous ne dirons qu'un mot d'Apelles : il fut le peintre
d'Alexandre le Grand !

Imitons la peinture, ne marchons pas, passons, pour arriver à la quatorzième olympiade
et, avec elle, à Appollodore d'Athènes, non le
fameux grammairien, mais à cet Appollodore
d'Athènes qui ouvrit une nouvelle carrière à
la peinture, et fit naître, sous ses pinceaux, le
beau siècle de l'art. Zeuxis ne tarda pas à l'é-
clipser; mais il le fut à son tour par Parrha-
sius, dont la vanité surpassa le talent. Timanthe
et Eupompe le suivirent de près. Alors on vit
paraître à la suite de ces grands maîtres une
foule de peintres distingués, leurs élèves, pour
la plupart, qui rivalisèrent à l'envi, et, en
moins d'un siècle, s'illustrèrent en illustrant
leur patrie.

La peinture devint très-florissante sous le
règne d'Auguste, mais à en croire Lunier,
après la mort de ce grand capitaine, elle se
réfugia en Orient.

Vers l'an 1240, nous la voyons naître à Florence, sous le pinceau du célèbre Giovanni Cimabue ou Cimabué, c'est lui qui fit revivre en Italie cet art divin qu'il avait appris des Grecs (1). Ce fut encore lui, dit-on, qui, le premier, peignit à fresque et en détrempe; quoiqu'il en soit, ces deux procédés ne commencèrent à être d'un usage fréquent que vers la fin du quatorzième siècle, à l'époque où Jean Vaneeik de Maseyk découvrit, à Bruges, l'admirable secret de peindre à l'huile.

Vers la fin du quinzième siècle, les édifices religieux s'enrichirent spontanément des plus beaux chefs-d'œuvre de la peinture; Rome la grande se fit album, album gigantesque et seule digne du génie qui guida les suaves et poétiques créations de Raphaël et des contemporains.

L'Italie s'émeut, Florence et Venise rivalisent avec Rome !

---

(1) Plusieurs de ses tableaux existent encore dans le couvent des Franciscains d'Ascesi, en Ombrie.

Le nord étonné, ébranlé, entraîné, obéit
aussi à cet élan de la peinture, et, en peu de
temps, traite d'égal à égal avec l'Italie.

Tout ce qui croît, décroît, a dit Montaigne.
Arrivées à leur apogée, les écoles de Venise et
de Florence dégénérèrent peu à peu, et, il est
de toute évidence, que si la peinture se main-
tint glorieusement dans la ville papale, ce fut
grâce au génie d'étrangers tels que Poussin et
les élèves non moins célèbres du Carrache, qui
vinrent faire valoir à Rome les talens acquis
dans l'école de Bologne et de Palerme.

La peinture naquit en Flandre, sous le pinceau de Jean Vaneeik, dont nous avons précédemment parlé; mais elle y demeura, au
dire de tous les historiens, dans un état de
médiocrité désespérant, jusqu'à ce que Rubens
parut; ce fut sa main puissante et son génie
qui en relevèrent la gloire, vers la fin du
seizième siècle.

François 1er. que nous avons montré dans
l'article Constructivité, démolissant le vieux

Louvre pour le reconstruire sur les plans et dessins de Pierre Lescot ; François 1er. qui se montra plus jaloux du titre de protecteur des lettres et des arts que de celui de roi tolérant, François 1er. n'épargna rien pour faire fleurir la peinture en France. Néanmoins, malgré ses nobles et généreux efforts, ce n'est, à bien prendre, que sous le règne de Louis XIV, qu'elle a commencé à paraître avec Lebrun, Lesueur, le Poussin, etc.

Arrêtons-nous ici, une plus longue analyse nous entraînerait trop loin ; et puis nous voulons vous parler de l'*Iconomanie*.

L'organe du coloris, largement développé, ne constitue pas seulement les grands peintres, il engendre encore les *Iconomanes*.

Nous entendons par ce mot *Iconomanes,* des hommes qui portent jusqu'à la monomanie la passion des couleurs et des tableaux. Pour l'Iconomane, toute toile, planche ou muraille peinte est respectable ; l'ouverture du Musée lui donne la fièvre ; une entrée gratuite au

Diorama le fait bondir de joie. Pour l'Iconomane, plus un tableau est vieux, déchiré,
crasseux, enfumé, plus il est précieux : c'est
tout au moins un Corrège.

— Quoi, vous achetez une pareille guenille?

— Qu'appelez-vous guenille, un tableau
superbe...

— Bath !...

— Ne voyez-vous pas comme ces person-
nages sont touchés?

— L'étoffe et la couleur rouge ne manquent
pas; mais ces *bons hommes* sont dessinés contre
toutes les règles de l'anatomie, de la perspec-
tive et du bon sens....

— Faites des livres, *mon cher*, barbouillez
du papier, mais ne vous mêlez pas de peinture;
ce tableau est excellent : chassis à clef, toile
d'Italie, clous plats, rien n'y manque, c'est
de l'école Italienne. Voyez quelle vigueur dans

la végétation, quelle chaleur dans le ciel (ici l'Iconomane s'use les doigts à frotter la toile honteuse et anonyme qui n'en demeure pas moins sèche).

Tel est l'Iconomane, plus il trouve de vieux tableaux, plus il en achète. Tout son appartement en est garni : antichambre, salle à manger, alcove, cabinet de travail et de toilette, lieux d'aisances, escalier même, tout est plein.

Nous connaissons un excellent garçon possédé de cette innocente manie; il faut l'entendre dire avec aplomb, enthousiasme et bonne foi : ce tableau sans cadre, est un Lebrun; voici un Raphaël, devinez ce qu'il m'a coûté?

— Cinq cents francs!... mille francs!....

— Vous n'y êtes pas.....

— Deux mille francs !

— Vous plaisantez....

— Combien donc?

— Six francs !

— Six francs ! !

— Pas d'avantage.

— C'est un Raphaël?

— Et c'est un Raphaël... Voilà un Guide qui m'a coûté quinze francs et cent dix francs de réparations ; mon chapeau, près de la fenêtre, cache un magnifique Corrège ; ce grand tableau, au-dessus de ma table de nuit, est de l'Albane.

— Diable !

— Authentique, mon ami, tout ce qu'il y a de plus authentique ;.. il m'a été cédé par *un marchand de tableaux* qui *en ignorait* la valeur... J'ai là, dans mon cabinet, deux Léonard de Vinci, divins ; j'en ai refusé quatre mille francs d'un Anglais !.. Cette place vide est des-

tinée à un Poussin magnifique ; il est chez
Morel (1).... Permettez-moi d'ouvrir la porte
de l'escalier, car l'emplacement me manque :
Voici trois Rubens d'un grand prix..... Vous
qui êtes connaisseur, regardez un peu ce Ram-
brand, n'est-ce pas magnifique ; quelle vérité !
quelle majesté ! comme c'est *chiqué* ! Il n'y a
qu'un Rembrand.!...! Voilà quatre jolis Te-
niers qui me viennent de l'hôtel Bullion ; un
Gérard Dow garanti ; deux Metzu que je ne
céderais pas pour deux mille francs, et dans ce
cadre gothique est un Carle-Dujardin, voyez,
voyez, c'est d'un fini exquis... Passons dans
ma salle à manger, ici tout est de l'école Italienne, sans mélange ; mon cabinet de toilette
renferme l'école Flamande ; l'école Hollandaise
est à côté, dans certain cabinet où je ne puis
vous mener... Le siècle de Louis XIV, que
vous nommez si pompeusement le grand siècle,
est momentanément au grenier..... Permettez-
moi de détacher ce vieux tableau sur bois...
Comment le trouvez-vous ?......

---

(1) *Restaurateur de Tableaux.*

— Hum !

— Parlez franchement.

— Hum !

— Vous le trouvez magnifique, n'est-ce pas? et vous avez raison, car il date des premiers temps de la peinture.

— Vous eussiez été un grand peintre.

— Peut-être, mais alors on ne connaissait pas la Phrénologie !

— Avec une pareille passion dans l'ame, vous devez dépenser un argent fou.

— Oui,... je dépense beaucoup..... cinq ou six cents francs par an.

— Pas d'avantage !

— Non !

— Et vous estimez cette riche collection?

— Cent mille francs !

En effet ce n'est pas avec les Iconomanes, que les marchands de tableaux font fortune, bien que quelques-uns se soient entièrement ruinés pour satisfaire leur penchant. En général, l'Iconomane n'achète que les tableaux les plus communs et au meilleur marché possible, préférant presque toujours la quantité à la qualité, ce qui n'empêche pas, toutefois, de priser au centuple la valeur de ses acquisitions.

Heureux hommes ! heureuse passion !

Le visage de M. Paul Delaroche est du petit nombre de ceux dont le mérite supérieur doit être mieux senti par le physionomiste que par l'homme du monde. C'est bien là une tête d'artiste. Il y a de l'énergie et de la chaleur dans la racine du nez; les sourcils indiqueraient seuls, au besoin, le génie transcendant, si l'ensemble du visage, depuis le front jusqu'au

cou, ne décelait un génie éclairé, un tact et un
goût exquis, un cœur ami de la poésie et de
l'histoire.

Mais quoi! ce ne sont là que de ses moindres traits :
Des passions il sait rendre les grands effets ;
Et, plein de passion lui-même, il nous entraîne
De la crainte à l'espoir, de l'amour à la haine,
Du faîte de l'Olympe au séjour des remords :
Il évoque l'absent, il ranime les morts ;
Et des temps reculés nous retraçant l'histoire,
Lui-même il éternise, à son tour, sa mémoire (1).

---

(1) Collin D'HARLEVILLE, (*Les Artistes*).

XXVII.

LOCALITÉ.

Victor Jacquemont.

Dumont d'Urville.

« Il y a des gens qui sont nés pour voyager, qui ont la
manière de voyager, qui voyagent toute leur vie. »

FURETIÈRE,
abbé de Chalivoi (1655).

L'organe de la Localité, situé au-dessus de
celui de l'étendue, se prolonge vers le milieu
du front.

La localité fait aimer les voyages, la géo-

graphie, la topographie, etc.; cette faculté
donne aussi au voyageur ce qu'on appelle com-
munément le coup-d'œil.

Gall avait, dans sa jeunesse, une excellente
vue et pourtant il lui était impossible de reconnaître les lieux où il avait été vingt fois;
Schiller, son ami et son compagnon d'enfance,
menacé de cécité, possédait néanmoins, à un
haut degré, cette mémoire des lieux.

Schiller mourut : Gall désirant naturellement conserver les traits de son ami, le moula,
et comme l'amitié n'exclut pas l'amour de la
science, Gall, phrénologiste avant tout, ne
put résister à la tentation de faire l'autopsie
du cerveau de son ami; cette lugubre opération eut pour la science des résultats satisfai-
sans. Elle mit Gall à même de remarquer que
la portion du cerveau qu'on attribue aujour-
d'hui à la localité, était très-développée chez
le pauvre Schiller. « Ceci, dit Combe, lui
donna la première idée de la fonction. Il com-
para ensuite, sur un grand nombre d'individus, l'étendue de cette portion cérébrale avec

le degré de mémoire locale de ces personnes,
et il le trouva proportionné. »

O la belle chose qu'un voyage! voyager c'est
la plus douce des jouissances. — Avez-vous
des chagrins domestiques? voyagez. — Avez-
vous des créanciers exigeans? voyagez. — Etes-
vous mélancolique, hypocondriaque? voyagez.
— Avez-vous la faiblesse d'aimer sans espoir?
voyagez, voyagez! Les voyages sont des panacées universelles (1).

Vivent les voyages, vive tles chevaux qu'on
attelle, le conducteur qui gronde, les voyageurs qui vont, qui viennent et qui s'em-
brassent; les postillons qui font claquer leurs
fouets; vive l'aiguille méthodique qui marque
l'heure du départ, vive cent fois le commis-
sionnaire qui ferme enfin la portière!

Racan et Michaud l'ont dit, les voyages sont
l'emblème de la vie, en effet:

---

(1) Hufeland, *Art de prolonger la vie.*

Comme des pélerins nous sommes ici-bas.
Le monde n'est qu'un gît, un vrai lieu de passage :
Quelque bien qu'on y soit on n'y demeure pas ;
Des meubles qu'on y trouve à peine a-t-on l'usage.
Ceux qui viennent après faisant même voyage,
Les laisseront à ceux qui marchent sur leurs pas.

Bien que nous tenions quelque peu de la nature de l'hirondelle, toute manière de voyager n'est pas à notre goût ; par exemple, il n'est rien, après un dîner froid, que nous détestions plus que les chaloupes, les gabarres, les goëlettes, les corvettes, les frégates, etc., etc. Parlez-nous d'une bonne berline qui ébranle le pavé à vingt toises à la ronde, parlez-nous d'un bon et fort cheval ou du coin droit d'un modeste coupé, voilà de douces manières de voyager.

Personne n'estime plus que nous Magellan, Juan Gaëtan, Wallis, Carteret, Bougainville, Cook et tous les navigateurs nos contemporains. Nul n'admire plus que nous le capitaine de l'Astrolabe, M. Dumont-d'Urville, mais il faut bien l'avouer, pour nous, l'hydrographie est sans charmes, la mer sans poésie.

Vivent la terre, les plaines, les vallons, les coteaux, les arbres bien verts, les ruisseaux limpides qui serpentent! Fi des eaux paisibles mais dangereuses, où il faut rester et mourir! Fi des contrées orageuses où les vents en fureur précipitent la tempête, où chaque jour la mer et le ciel se choquent et se confondent.

Nous nous soucions peu aussi des pompes de l'Orient, des merveilles de Rio-Janeiro, du Niagara, des raisins de Kaboul, des Sykes, voire du Runget-Sing, le Napoléon de l'Inde; ce que nous aimons : ce sont les profondes vallées de la Touraine, les déserts du Mont de Marsan, les solitudes agrestes de la Bretagne; ce sont les vastes campagnes de la Beauce revêtues de riches moissons, les coteaux du Languedoc, les vignobles de la Bourgogne ; ce qui nous plaît encore, ce sont les montagnes géantes du Jura, avec leurs fronts glacés qui se perdent dans les nues.

Parmi les personnes douées de l'organe de la Localité ou de l'Amour des voyages, on remarque plusieurs variétés ; quelques-unes voyagent pour voyager, d'autres pour s'instruire ; mais le plus grand nombre court le monde pour satisfaire aux exigences de la mode ou par vanité.

Voyager pour voyager, c'est le fait d'un pauvre amoureux ou d'un pauvre fou, l'un vaut l'autre.

Voyager comme M. Dumont d'Urville, Victor Jacquemont ou encore comme MM. Taylor et Charles Nodier, c'est la plus belle, la plus noble et quelquefois la plus agréable et la plus utile manière de dépenser sa vie.

Pourquoi mettre MM. Taylor et Charles Nodier au rang des voyageurs ? — Celui qui visite un état province à province, ville à ville, hameau par hameau, n'est-il pas un voyageur? Ces Messieurs, sans doute, n'ont pas couru l'Inde juchés sur un éléphant, comme Victor Jacquemont ; ils n'ont pas exploré le Brésil comme M. Auguste Saint-Hilaire ; mais on voyage en France comme dans l'Inde, même un peu plus commodément. On acquiert en France, comme à Chandernagor, des connaissances utiles et variées; on herborise en France aussi bien qu'au Brésil.

Le rat du Lemming (1), essentiellement voyageur, quitte la montagne pour la plaine ; mais lorsqu'il a exploré la plaine (les naturalistes disent dévasté) il revient à la montagne, courant sans cesse, sans quitter le ciel qui l'a vu naître.

Si nos occupations nous permettaient de nous livrer à notre goût favori, les voyages (sur terre bien entendu), persuadé que la providence est partout la même, au Sénégal comme dans le Poitou, à Batavia et à Bourbon-Vendée, sur les rives de la Seine et sur les bords du Gange, toujours grande, toujours généreuse, lorsqu'il s'agit du bien-être des hommes, bien convaincu qu'elle a répandu dans chaque contrée comme dans chaque dé-

---

(1) Espèce de rat de Suède.

partement des trésors ignorés propres à chaque climat, nous imiterions la sage conduite du rat du Lemming! après avoir visité le sud de la France nous nous dirigerions vers le nord, puis de l'est à l'ouest, puis... puis.... nous reprendrions notre course du nord au sud, de l'ouest à l'est, quêtant partout, comme Lafontaine, *bon souper, bon gîte et le reste.*

Si l'on doit refuser la qualité de voyageur à quelqu'un, c'est bien à celui-là qui va annuellement passer la belle saison à Londres ou aux eaux, pour voir marcher, jouer, parler une foule d'automates drôlatiques plus ou moins riches, plus ou moins sots. Cette troisième classe de voyageurs n'obéit évidemment pas, comme l'hirondelle, à l'énergie puissante et périodique de la localité. Ce cosmopolisme de chaque printemps ne satisfait pas leur goût, mais il flatte cette vanité dont ils sont abondamment pourvus.

« Vanitas vanitatum, omnia vanitas! »

Loin d'avoir rien acquis, rien observé dans

leurs voyages, ces pauvres fous (on les nomme dandys, je crois), reviennent chez eux cent fois plus ennuyés, par conséquent, cent fois plus ennuyeux qu'ils n'en sont partis. Nous avons dit qu'ils revenaient de leurs voyages sans avoir rien acquis, c'est une grave erreur; ils ont acquis entr'autres choses dont ils se font gloire, un grand fonds d'insolence, insolence de bonne maison, ambrée, qui sert à cacher, mais qui décèle souvent:

L'ame née dans la crasse et nourrie dans la rouille.

Mais à quoi bon descendre jusqu'aux frêlons de la société, lorsqu'il nous reste à parler de deux hommes éminemment laborieux, éminemment instruits, voyageurs persévérans et intrépides, l'un sur la terre et l'autre sur la mer; celui-ci a gravi les plus hautes montagnes du monde, celui-là a fait le tour du globe; le premier, naturaliste distingué, a nom Victor Jacquemont; le second est le fameux capitaine de l'Astrolabe, M. Dumont d'Urville.

Comme nous ne doutons pas que le lecteur

ne préfère le style brillant, chaleureux, pittoresque de Victor Jacquemont, à la massive et
monotone phraséologie de ces esquisses, nous
prenons la liberté de mettre sous ses yeux un
fragment de la correspondance du jeune et savant naturaliste, pendant son voyage dans
l'Inde ; cette lettre, adressée par lui, de Senla,
dans l'Himalaya, à son ami, M. Achille Cha-
bert, porte la date du 25 juin 1830.

« Il y a plus d'un an que je ne vous ai écrit,
mon cher ami ; et si je m'en souviens, je ne
vous adressais alors que quelques lignes pour
vous dire que j'étais enfin arrivé au terme de
ma longue navigation, et que je recevais de
tout ce qu'il y a de plus élevé dans l'Inde par le
rang, l'esprit, le savoir, un accueil qui con-
fondait, par l'excès flatteur de sa bienveillance,
toutes les espérances que j'avais conçues du
noble orgueil des Anglais. Depuis, j'ai voulu
souvent vous tracer ma vie errante, et vous
confier les émotions qu'excite en moi la vue de
tant d'objets nouveaux, vous faire partager
mes plaisirs, vous associer aux peines passa-
gères qui les traversent, me rapprocher de

vous.... mais j'avais trop à dire; et, limité par
le court espace de mes rares loisirs, j'ai trouvé
plus commode de ne point écrire du tout que
de le faire avec la gêne imposée par cette néces-
sité du temps. Dans vos voyages à Paris, vous
m'avez su du moins vivant et de plus content.
J'ai vu Bénarès, Agra, Delhi, et j'ai marché au
nord-ouest de cette cité, jusqu'en dehors des
possessions anglaises, dans le pays des Sykes,
et je ne me suis guère arrêté qu'au bord du
désert de Bicancer. De là, revenant à l'est, je
suis entré dans l'Himalaya, le 12 avril; j'ai
visité les sources de la Jumna, j'ai approché
de celles du Gange, et me suis élevé bien au-
dessus, sur les neiges éternelles de la chaîne
colossale qui sépare l'Inde du Thibet. Cette
dernière partie de mon voyage m'a tenu pendant
deux mois éloigné de toute société européenne. »

« Sous ce ciel sévère des Hautes-Alpes, parmi leurs scènes les plus âpres et les plus déso-
lées, votre souvenir est venu plus souvent
s'offrir à ma pensée. Je me suis rappelé ces
manteaux de neige que vous m'apprîtes le
premier à gravir, et la nudité des rocs qui les

percent çà et là. Que de fois ne me suis-je pas
attendri devant ces tableaux de notre première
amitié, que mon imagination fait revivre avec
tant de fraîcheur. Hélas! je suis seul ici; au
souvenir que je garderai de ces lieux étranges,
aucun souvenir ami ne viendra s'associer pour
les rendre chers! Vivre seul! être seul à sentir!
Oh! mon ami, ce n'est pas parce que je suis
si loin de notre pays, perdu dans les déserts
glacés des plus hautes montagnes du monde,
que mon isolement m'est pénible : ce vide
cruel, peut-être le sentirais-je également au
milieu des douceurs de la société européenne?
peut-être n'en souffrirais-je pas moins au milieu
de son tumulte et de ses plaisirs? et je n'ai pas
trente ans. »

« Laissons cela. »

« Les formes de l'Himalaya, l'élévation pro-
gressive de la bâse des montagnes entassées les
unes au-dessus des autres, des plaines de l'In-
dostan jusqu'aux crêtes de glace qui couvrent
la ligne de leurs sommets les plus élevés, l'absence de plateaux, de vallées, d'escarpemens,

déguisent singulièrement leur hauteur. — J'ai campé plusieurs fois à trois mille mètres d'élévation absolue, habituellement à deux mille; cependant c'est toujours dans les lieux les plus bas ou les mieux abrités, près des hameaux que je dois marquer mes haltes. Vous voyez donc quelle soustraction il faut faire de la hauteur absolue des montagnes pour mesurer leur hauteur relative ou apparente. Celle-ci est encore énorme; mais comme l'œil cherche vainement à opposer des lignes horizontales à des lignes verticales, et que les pentes, malgré leur forte inclinaison, ne s'élancent pas d'un seul jet, mais s'ajoutent les unes aux autres sur des plans successivement plus reculés, il n'est pas de lieu d'où l'on puisse voir les plus hautes cimes sous un très-grand angle visuel. Enfin, là où il y a de la grandeur, manquent la beauté et la grâce. Oh! que les Alpes sont belles! »

« Les pentes indiennes de l'Himalaya que je viens de visiter sont assez bien connues. Mais il n'y a qu'un très-petit nombre de voyageurs qui aient passé du côté du Thibet; du

moins avec des connaissances qui leur permis-
sent d'étudier cette contrée mystérieuse. Dans
deux jours, mon cher ami, j'entreprendrai ce
voyage. Les productions de la nature doivent
être peu variées dans un pays si froid, mais je
puis espérer qu'un grand nombre nous sont
inconnues. Je compte aller jusqu'aux frontières
de la Tartarie-Chinoise ; l'admirable protec-
tion du gouvernement anglais m'y défendra
jusque-là de tous dangers qui pourraient venir
des hommes ; le Rajah, demi-Indou et demi-
Tartare, qui possède les hautes vallées creusées
à la base septentrionale de l'Himalaya, ayant
aussi quelques états sur le penchant indien,
qui le font dépendre absolument de la puissance anglaise. Je suis d'ailleurs obligé de
traîner une suite de cinquante hommes ; et
c'est plutôt pour être le maître absolu dans
mon camp, que pour un autre objet que j'em-
mène une escorte de sipahis-goukhas, dont
j'ai éprouvé l'utilité dans une première excur-
sion. Il faudra, cher ami, que vous me don-
niez l'absolution de bien des menus actes
arbitraires, sans lesquels tout ce que je fais
ici serait impossible.

Nous philosopherons, théoriserons quelque jour sur leur moralité. — Adieu; vous pensez aisément combien la multiplicité de mes recherches me donne d'occupation, je suis accablé de travail, mais la santé est restée faite, si ce n'est dans les neiges des sources de la Jumna, où le froid, la fatigue et de mauvais alimens la dérangèrent légèrement. Je suis revenu à ma vigueur accoutumée, et elle m'est bien nécessaire pour résister aux fatigues, aux privations, aux misères qui m'attendent de l'autre côté de l'Himalaya. »

Tout le caractère du bon et intéressant jeune homme est tracé dans cette lettre. Bienveillant, généreux, juste, ferme, persévérant, aimable, savant sans pédantisme, tel était Victor Jacquemont. Il est inutile de dire qu'il fut doué, à un très-haut degré, de l'organe dont nous traitons, la Localité.

La mort, l'impitoyable mort l'a saisi dans la force de l'âge; Victor Jacquemont est mort au milieu de sa gloire, entouré de ses chères

collections, si riches, si admirablement variées
et si péniblement acquises.

> La mort a des rigueurs à nulle autre pareilles :
> On a beau la prier,
> La cruelle qu'elle est, se bouche les oreilles,
> Et nous laisse crier.

La physionomie de M. Dumont d'Urville ne
nous annonce rien que nous ne sachions déjà :
il est plus qu'un voyageur, c'est un homme de
cœur et d'esprit.

XXVIII.

CALCUL.

M. Ampère.

M. AMPÈRE qui est plus savant que CUVIER,
c'est-à-dire qui est trop savant.

J. JANIN.

L'organe du Calcul est situé à l'angle externe de l'œil; lorsque cet organe est large, l'angle externe est assez ordinairement déprimé et un peu plus bas que l'angle interne.

« Les grands mathématiciens, dit Spurzheim, ont cette configuration, mais ils ont en même temps l'organe de l'étendue très-développé. »

Comme toutes les règles possibles, cette règle a ses exceptions : ainsi, notre père, bon mathématicien, chef habile d'une partie de la comptabilité d'une Administration financière, ne possède pas ou possède bien peu cette faculté de l'étendue ; pourtant, de l'avis de tous ceux qui le connaissent, cet excellent homme est réputé un rude calculateur ; c'est en effet le plus intrépide comptable que nous connaissions.

Nous pourrions citer bon nombre d'exemples de ce genre.

L'algèbre et tout ce qui concerne les nombres, appartient à la sphère d'activité de cette faculté.

> . . . . . . l'exacte algèbre,
> Ce grand art aux magiques traits,
> Aussi négligé que célèbre,
> Pénètre les plus hauts secrets.
> La vérité des yeux vulgaires
> A beau reculer ses mystères,
> Il s'obstine à les dévoiler ;
> Et par un artifice extrême

En l'interrogeant elle-même
Il la force à se déclarer.

Il en est de l'algèbre comme de la peinture,
on n'a rien de certain sur son origine.

Quelques auteurs en attribuent l'origine à
Diophante, célèbre mathématicien d'Alexandrie, qui écrivit treize livres sur cette matière (1).

L'algèbre n'était pourtant pas inconnue aux
anciens; suivant Théon, commentateur d'Euclide (2), Platon aurait enseigné le premier
cette science; mais il en est question bien au

---

(1) Six furent publiés par Xilender, en 1575.

(2) Ne confondons pas, il est ici questio nd'Euclide le Mathématicien, auteur d'un des plus anciens traités de Géométrie, qui
soit parvenu jusqu'à nous et qui a été long-temps la seule source
où les modernes aient puisé les connaissances mathématiques.
Cet Euclide, qui n'a rien de commun avec l'Archonte d'A-
thènes, ni avec le philosophe Mégarien, disciple de Socrate;
fut professeur à Alexandrie, et vivait sous Ptolomée, fils de Lagus.

long dans les écrits du philosophe Pappus (3),
et plus encore dans Archimède.

M. Ampère, qui est sans contredit un grand
mathématicien, est l'auteur des Considérations
sur la Théorie mathématique du Jeu, ouvrage
au-dessus de tout éloge et bien capable de gué-
rir de l'amour du jeu, si les malheureux do-
minés par cette funeste passion pouvaient la
raisonner mathématiquement.

Le front de M. Ampère est tout aussi carac-
téristique que celui de Descartes et de Newton;
il y a là plus que des mathématiques, il y a
aussi une douce et sage philosophie : le nez,
les yeux et la bouche portent l'empreinte de la
réflexion, de la sagesse et de la fermeté.

---

(3) *Collections Mathématiques*, en huit livres.

XXIX.

ORDRE.

Cuvier.

Sur d'antiques écrits avec amour baissé,
Il consulte les morts, il vit dans le passé.

DE BOISJOLIN.

L'organe de l'ordre, qui aboutit à la partie externe de l'arcade sourcillière, entre ceux du coloris et du calcul, s'applique à la classification, aux dimensions, aux tems, aux couleurs, etc.

Nous connaissons des martyrs de l'amour de l'ordre. La vue du désordre plonge certaine Marquise dans le plus affreux désespoir. Chez elle, l'amour de l'ordre l'emporte sur tout autre sentiment ; les grands et les petits appartemens de la noble dame sont incontinent et à jamais fermés à qui en a une fois dérangé la symétrie.

M. Geoffroy Saint-Hilaire et M. Dumoutier passeraient leur vie entière au milieu des collections; mais le plus grand nombre des hommes dédaigne et méprise cette passion comme absurde et puérile.

Dans son discours de réception à l'académie française, Buffon dit que le sublime ne se trouve que dans les grands sujets. Ce que ce naturaliste illustre dit du style peut s'appliquer et s'applique également à l'homme. On ne rencontre en effet ce divin cachet du sublime que chez des sujets comme Cuvier ou M. de Châteaubriand.

La main hardie qui a porté une si vive lumière dans le chaos impénétrable des mondes détruits; qui, à vingt-cinq ans, révolutionnait du fond d'une province les savans et la science, détrônait sans façon le plus grand naturaliste du 18e. siècle, Van Linnœus, et qui jeune d'âge, mais vieux de génie, présentait hardiment au monde savant la synthèse d'une science qu'Aristote, Claude Perrault, Vicq-d'Azyr et d'Aubenton n'avaient qu'esquissée, Cuvier, enfin, aimait l'ordre. L'ordre était nécessaire non seulement à la formation mais encore à la conservation des classifications précieuses qu'il nous a léguées.

Dans presque tous les portraits de Cuvier, grands ou petits, le front qui a enfanté une des plus grandes théories qu'ait produites le génie de l'homme depuis Newton, n'est pas assez découvert, et cependant, malgré ce grand défaut physiognomonique, combien il est encore expressif !

Depuis le sommet de la tête jusqu'au cou, depuis l'arc du front jusqu'au menton, abstraction faite de tout autre signe, que ne devine-t-on pas? Oui, c'est ainsi que Dieu devait créer le génie qui, à l'aide de quelques débris mutilés, arrachés des entrailles de la terre,

composa des créations tombées dans le néant,
et comme la chaîne des êtres se lie dans la
nature par des anneaux indivisibles, en re-
trouvant quelques pièces de l'immense édifice,
le reconstruisit tout entier, pour montrer à de
pauvres hères comme nous, ce que la terre
fut, ce qu'elle est, ce qu'elle deviendra un
jour.

Nous ne disons rien du sourcil, de l'expression et de la forme de la prunelle, de l'os saillant de l'œil, ni du contour du nez; cependant
ces signes, suivant Lavater, indiquent expli-
citement une sagesse exquise et profonde, une
application soutenue, une patience infatigable,
une grande aptitude pour les recherches, les
travaux scientifiques, un ami de l'ordre et de
l'approbation, enfin une ame inébranlable,
douée de plus de solidité que d'imagination,
de plus de profondeur et de fermeté que de
sensibilité, sans exclure toutefois l'imagination, la sensibilité et la chaleur.

En effet, les œuvres nombreuses du plus
grand naturaliste de l'Europe se distinguent

par l'empreinte constante d'une sagesse exquise et profonde.

— Quel nom savant opposer à celui de
Cuvier?

— Quelle biographie nous dira jamais, même
approximativement, le nombre des veilles la-
borieuses, des recherches ardues, qui ont permis au baron Cuvier de justifier ses découvertes
et de poser les fondemens de son Anatomie
comparée.

Tout est grand, tout est travail et génie
dans la vie du baron Cuvier.

Né à Montbéliard, le 23 août 1769, Georges
Cuvier, élevé dans cette ville jusqu'à quinze
ans, manifesta dès sa plus tendre enfance une
facilité de conception extraordinaire; son aptitude répondait à sa facilité; l'une et l'autre
alarmèrent souvent la plus tendre des mères,
qui, tremblant toujours pour la santé de son
petit Georges, dont la complexion était en ap-
parence des plus délicates, eût préféré le voir

un peu plus joueur et aussi un peu moins studieux. Le cœur d'une mère est le chef-d'œuvre
de la nature !

A quatre ans, Georges Cuvier savait lire !
à quatorze ans et demi il avait terminé ses
études classiques ! Tout porte à croire qu'elles
ne consistaient pas alors dans la connaissance
exclusive et assez imparfaite du grec ou du
latin, ou dans des études qui n'ont de philosophique que le nom ; puisque le baron Cuvier
possédait parfaitement , non seulement les
langues anciennes et la philosophie, mais encore l'histoire, la géographie, l'arithmétique,
l'algèbre, la géométrie et même la levée des
plans.

Ce génie précoce, merveilleux, à peine âgé
de quinze ans , avait lu et commenté Buffon
d'un bout à l'autre , il en avait aussi fort
habilement copié les figures. Cuvier fut re-
commandé à l'aïeule de l'empereur Alexandre
qui résidait alors dans le château de Montbéliard. On fit hommage à cette princesse
de l'album du studieux collégien ; peu de

temps après, Cuvier lui-même, fut présenté, comme une merveille, au duc Charles de Wurtemberg qui lui accorda, entr'autres faveurs, une bourse à l'académie de Stutgard (1).

Cuvier, vers l'an 1788, y termina ses études de la manière la plus brillante; peu après il se rendit au château de Pinquinville, dans la basse Normandie, où il fut agréé gouverneur des fils du comte d'Héricy.

Le voisinage de la mer, les loisirs nombreux dont le jeune Cuvier savait habilement profiter, lui permirent de se livrer, sans trop de contrainte, à son goût favori, l'histoire naturelle.

« Son talent remarquable pour le dessin lui donna la facilité de figurer un grand nombre d'objets naturels, d'en retenir les caractères

---

(1) Son *Diarum Zoologicum primum* porte la date de Stutgard.

L'Editeur.

distinctifs ; c'était pour lui le seul moyen de remplacer les collections.

Nommé professeur d'histoire naturelle aux écoles centrales, il obtint, peu après, par les soins de M. Geoffroy Saint-Hilaire, la suppléance de M. Mertrud, professeur d'anatomie comparée au Jardin des Plantes, de Paris.

Plus tard, n'ayant pourtant que vingt-six ans, il fit partie de la première organisation de l'Institut comme membre de la classe des sciences physiques et mathématiques (1).

Pendant trente-deux ans le baron Cuvier a rempli, à la satisfaction générale, les fonctions de secrétaire perpétuel de l'Académie des sciences. Pour tout autre que Cuvier, ces fonctions eussent bien certainement absorbé tous

---

(1) L'institut national fut fondé par le titre IV de la loi de la Convention sur l'instruction publique, décrétée le 3 brumaire an IV. Le titre II de cette même loi organise les écoles centrales.

L'Editeur.

ses instans, mais ce travail était un jeu pour lui.

Cet homme, dont le nom est, avec celui de Napoléon, une des plus grandes gloires de notre époque, n'a pas moins brillé dans la carrière administrative que dans celle des sciences. Quoi qu'en disent quelques biographes, on ne saurait trop admirer cette activité surhumaine, cette force d'attention qu'exigeaient tant d'affaires diverses, qu'il ne remettait jamais au lendemain, parce que, disait-il, le présent seul nous appartient.

Nous le répétons avec M. Jules Janin, tous les instans de la vie de cet homme presqu'universel ont eu leur utile emploi; il savait que notre âge passe

Comme un torrent pressé qui s'enfuit et qui roule,
Qu'un jour dévore l'autre, et que l'autre est détruit,
Sans interruption, par celui qui le suit;
Que le temps que l'on perd jamais ne se répare;
Qu'avec juste sujet on en doit être avare. (1)

(1) NICOLE.

Aussi le temps a été pour lui un trésor dont il n'a pas perdu la moindre parcelle.

« Jamais on ne le rencontra oisif, jamais, dit M. Duvernoy, dans sa notice sur cet homme extraordinaire, pendant sa veille, il ne se reposait l'esprit; seulement il le délassait en changeant d'objet. Pendant ses courses assez fréquentes en ville, ou durant ses voyages, il lisait, il rédigeait même dans sa voiture, où il avait fait poser une lanterne et où il écrivait toujours sur la main comme dans son cabinet. »

« Aucun auteur n'a fait autant de livres originaux, en y employant si peu de temps. »

Le baron Cuvier se levait entre huit et neuf heures du matin, travaillait une demi-heure, une heure au plus, avant son déjeuner, pendant lequel il parcourait rapidement deux ou trois journaux, sans perdre un mot de la conversation des personnes qui l'entouraient; il recevait celles qui avaient à lui parler, et sortait au plus tard à onze heures, soit pour se reńdre au Conseil d'Etat, soit pour assister au Conseil de l'Université ou à une séance de l'Institut.

Il ne revenait de ces différentes assemblées que pour dîner; mais s'il lui restait seulement un quart-d'heure de libre, vite il en profitait pour reprendre une rédaction interrompue la veille. Cette facilité à diriger toute la force de son attention, d'un quart-d'heure à l'autre, sur des sujets si divers, en faisait déjà un homme à part.

D'ordinaire le baron Cuvier dînait de six à sept heures. S'il ne sortait pas après, il se retirait dans son cabinet et y travaillait au moins jusqu'à onze heures, après quoi il se faisait faire une lecture historique ou littéraire qui le conduisait toujours jusqu'à minuit.

M. Cuvier n'avait que le dimanche pour suivre la même occupation pendant tout une journée; on croirait difficilement tout ce qu'a produit de lignes, de mémoires, de rapports, de notices historiques ce seul jour du dimanche

ordinairement consacré au repos et que lui,
Cuvier, avait plus utilement destiné à la révé-
lation de toutes les merveilles de la création.

En 1830, M. Duvernoy s'étant aperçu de
l'ardeur avec laquelle le baron Cuvier se li-
vrait au travail, lorsqu'il avait ainsi le loisir
de rester seul tout une journée, crut devoir,
en ami dévoué, lui exprimer ses craintes sur
les dangers qui pouvaient naître pour lui de
ce travail excessif.

« Jusqu'à présent, lui dit-il, j'ai cru que
» la science avait beaucoup perdu par le
» temps que vous lui avez dérobé pour vos
» fonctions administratives, maintenant je
» suis convaincu qu'elles ont été pour vous une
» utile distraction. — » C'est précisément ce
que me disait l'Empereur en me nommant
Maître des requêtes au Conseil d'Etat », lui
répondit Cuvier.

Le 9 mai, le baron Cuvier ressentit, en s'é-
veillant, un peu d'engourdissement dans le
bras droit, ce qui ne l'empêcha pas d'aller,

selon son habitude , au Conseil d'Etat. Quelques jours après la paralysie gagna successivement les autres membres et peu à peu
s'étendit aux organes de la respiration ; le
dimanche , 13 mai 1832 , à dix heures moins
un quart du soir, cet homme illustre , ce savant respectable, rendit l'ame, non sans avoir
conservé, jusqu'au dernier moment, toutes les
facultés de son esprit et de son cœur, nobles et
belles facultés qui ne le cédaient, chez lui,
qu'au savoir.

Cuvier, qui toute sa vie a été un homme de
cœur, est mort en homme de cœur; il a vu
s'approcher l'heure suprême avec le calme
d'une ame tranquille et une entière résignation
aux sages décrets de la providence, dont il
avait, toujours admiré la sagesse, dans les
œuvres de la création.

L'Autopsie du cerveau de ce grand homme
eut lieu le 15 mai, MM. Orfila , Dupuytren et
plusieurs autres médecins le pésèrent; il s'é-
levait au poids énorme de *trois livres dix*

onces quatre gros et demi! un tiers de plus
que l'encéphale le mieux conformé.

« La lame avait usé le fourreau ! »

XXX.

ÉVENTUALITÉ.

Andrieux.

> *Semper ad eventum festinat, et in medias res,*
> *Non secus ac notas auditorum rapit; et quœ*
> *Desperat tractata nitescere posse, relinquit.*
>
> HORACE, *arte poet.*

L'organe de l'Éventualité est situé au milieu du front, au-dessus de celui de l'Individualité.

A l'aide de cette faculté on apprend l'histoire, par elle on possède la mémoire des faits. Elle est attentive aux phénomènes extérieurs, elle fait aussi aimer les anecdotes et désirer tout connaître.

Pourquoi faut-il que l'historiographie de cette faculté soit, en quelque sorte, la nécrologie d'un homme de bien? Faire l'exposé de l'Éventualité, c'est buriner la moindre des mille qualités caractéristiques du spirituel académicien que pleure la littérature et dont la perte est si vivement sentie au collége de France. Ici, ce n'est point la beauté qui séduit par ses charmes, mais la bonhomie, l'humeur causeuse, l'envie d'obliger, sont parlantes sur cette physionomie, et leur langage se fait immédiatement entendre à l'ame.

Qui ne reconnaitrait dans ce pastiche, ce bon vieux professeur de littérature française, aussi aimable qu'expansif, naïf de cette naïveté d'enfant, délicieuse et vraie qui enchaîne tous les cœurs.

Croirait-on que nous avons entendu des diseurs de lieux communs, des moraliseurs, plus philosophistes que philosophes, dire, entre autres choses mirifiques, à haute et intelligible voix et cela sans rougir, que l'étude de la littérature était plus nuisible qu'utile

à la société ; que l'auteur des Étourdis,
d'Helvétius, de la Soirée d'Auteuil, de la
Comédienne, du Traité sur l'art de Parler
et d'Ecrire, n'était qu'un *phraseur* frivole.

Pauvre Andrieux! ils ne connaissent pas ton
discours du 1er. Vendémiaire an IX.

Si Andrieux était un *phraseur*, c'était un
phraseur aimable, désiré, écouté, aimé et
recherché de tous ; qui ne voudrait être phraseur à ce prix?

O comme sans la pitié et la timidité qui
nous dominaient, nous aurions tenu tête à
ces illuminés qui jettent çà et là le mépris et le
dédain, sans s'inquiéter de la portée de leurs
paroles.

Ces phraseurs (car ceux-là en sont et de bien
sots), n'ont pas lu l'esprit philosophique de
M. de Portalis ; ils y eussent appris que la littérature et les beaux arts ne sont, au fond,
qu'une manière de communiquer aux autres
ce que nous sentons et ce que nous pensons
nous-mêmes. Que parmi les divers modes de

communication entre les hommes, il en est qui n'ont pour objet que l'utile ; *que la littérature* et les beaux arts se proposent directement *l'agréable ou le beau.* Or M. Andrieux professait la littérature.

« Il est bon de remarquer, dit M. de Poralis, combien quelques écrivains modernes ont abusé de l'esprit philosophique, lorsqu'ils ont prétendu que la littérature et les beaux arts mériteraient, par leur destination frivole et par leur incompatibilité prétendue avec les mœurs simples et austères d'êtres proscrits sans retour. Ces écrivains ignoraient qu'il est, dans l'ordre moral et intellectuel, des révolutions aussi forcées que celles qui arrivent dans l'ordre physique, et dont il serait aussi injuste de se plaindre que du changement des saisons. »

« Les lettres et les beaux arts sont des fleurs qui naissent sur un sol cultivé ; le germe en est dans la nature, il se développe avec la civilisation. Chaque siècle a ses vices et ses vertus. »

« Le siècle des talens est presque toujours ce-

lui du luxe et du genre de corruption qui
marche à la suite du luxe. Mais il serait aussi
absurde de dire que le luxe et ses désordres
naissent des talens, qu'il le serait d'avancer
que le bon grain produit l'ivraie, parce que,
dans la saison marquée, le même principe de
végétation fait croître l'ivraie à côté du bon
grain. »

« Loin d'être la cause de nos vices, les beaux
arts en sont en quelque sorte la correction :
ce sont des biens que la nature nous ménage
pour compenser nos maux. En attendant de
savoir si la société, telle qu'elle est, pourrait
se passer des arts agréables, oserions-nous
envier à notre espèce, déjà si malheureuse,
tout ce qui peut embellir le triste songe de la
vie? Les belles lettres et les beaux arts donnent
des jouissances douces et délicates à ceux qui
sont capables de goûter ces jouissances, et on
peut les regarder, en général, comme la parure
et l'ornement du monde. De plus, c'est une
grande erreur que de réputer et d'appeler frivole la connaissance des choses qui semblent
ne tenir qu'à l'agrément. Ne faut-il pas plaire

aux hommes, si nous avons besoin de leurs
services? Ne faut-il pas même leur plaire pour
se mettre en état de les servir? Si nous ces-
sions de leur être agréables, nous pardonne-
raient-ils l'importune générosité de vouloir
leur être utiles. »

« Ce qui plaît ne peut jamais nuire, à moins
qu'on n'en fasse l'instrument de ce qui nuit;
et alors, c'est l'abus de la chose et non la chose
elle-même qu'il faut proscrire. »

« *Il importe*, dit le même auteur, *de cultiver
les belles lettres* et les beaux arts, non pas seulement en vue de nos jouissances et de nos dé-
lassemens, mais *dans l'intérêt sacré de la vertu
et de la vérité.* »

« Les beaux monumens perpétuent les belles
actions; les bons livres propagent les bonnes
maximes; *l'art de bien parler et de bien écrire
dispose à l'art de bien agir.* Dans l'état de la
société et de nos mœurs, *la sèche et froide
raison sera toujours forcée de céder le pas à
la raison brillante et orale.* »

Voilà M. de Portalis aidant, ce que nous aurions pu répondre à ces *profonds et rigides philosophes*, si leur jactance et leur verve furibonde ne nous eussent tout d'abord paralysé.

Nous n'entendrons plus l'aimable Andrieux nous instruire par d'aimables causeries. Hélas! nous ne verrons plus son regard débile et caressant nous remercier de notre silence attentif et respectueux. Pour lui la loi de Dieu est accomplie.

Omnes eodem cogimur!

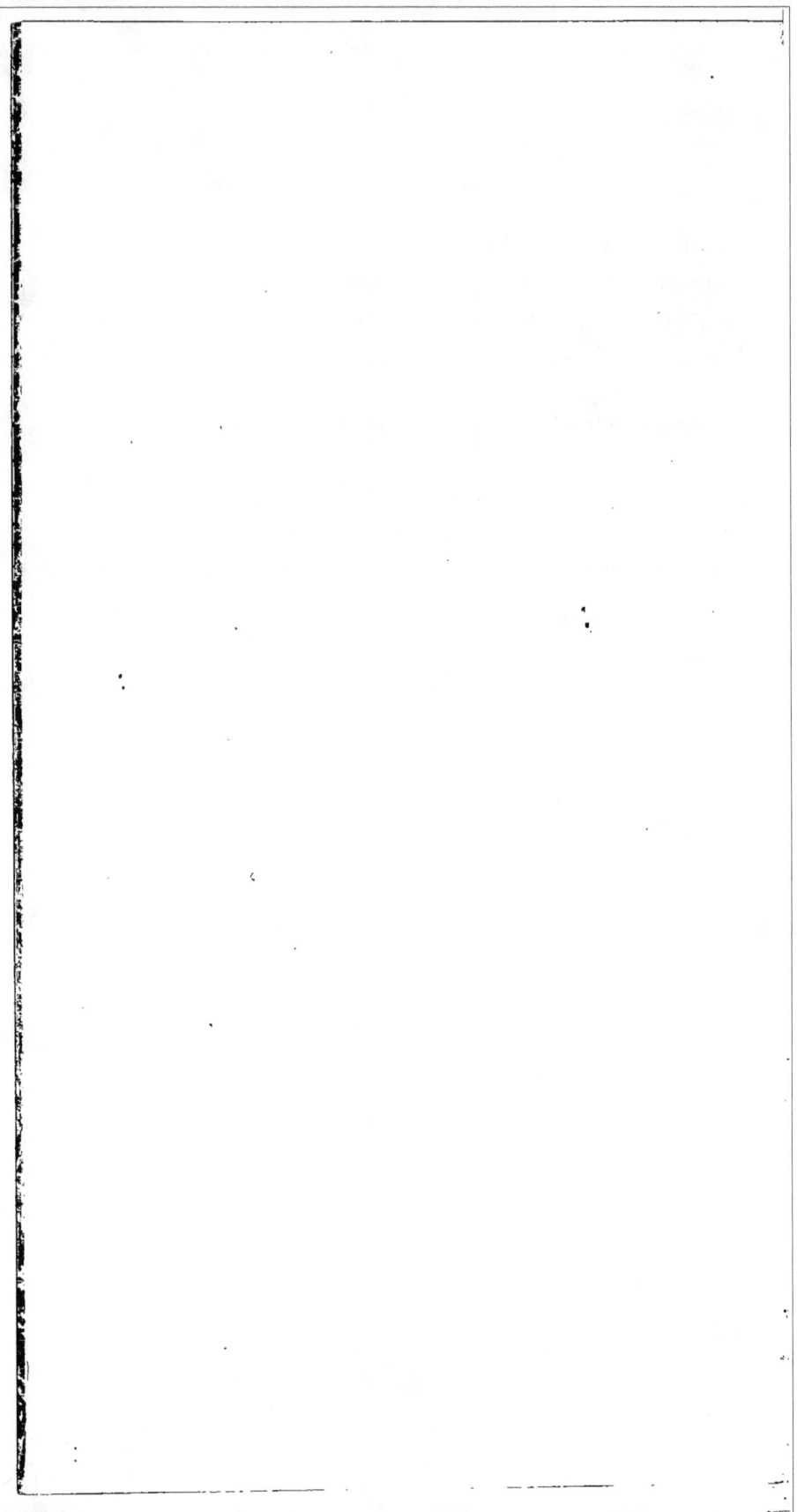

XXXI.

TEMPS.

Lablache.

Que fait le laboureur conduisant ses taureaux ?
Que fait le vigneron sur ses brûlans côteaux,
Le mineur enfoncé sous ses voûtes profondes,
Le berger dans les champs, le nocher sur les ondes,
Le forgeron domptant les métaux enflammés ?
Ils chantent, l'heure vole et leurs maux sont charmés.

DELILLE (*Imagination.*)

L'organe du Temps, situé à l'extérieur de l'éventualité et de la localité, au-dessus de celui du coloris, parait avoir spécialement pour objet de mesurer le temps et les intervalles. En donnant la perception de la cadence mesurée, l'organe du Temps nous parait être la source principale du plaisir qu'éprouvent les Allemands à danser.

Cet organe, grand chez MM. Victor Hugo et Lablache, est essentiel, indispensable même, au poète et au musicien.

« L'oreille ne suffit pas, dit Spurzheim dans son Traité de Phrénologie, pour expliquer le chant des oiseaux ni la musique de l'homme. Les oiseaux mâles, chanteurs, qui sont élevés séparément et sans avoir entendu un oiseau de leur espèce, chantent comme eux. Le talent musical de l'homme n'est pas non plus proportionné à la forme de l'ouïe. L'oreille sert pour entendre les tons comme l'œil sert à voir les couleurs; mais les inventions, la mémoire et le jugement des tons et des couleurs, sont des attributs de deux facultés intérieures. »

Il ne suffit pas d'avoir l'organe des tons, pour faire un excellent musicien, il faut encore y joindre celui du Temps.

En effet la musique se compose de deux facultés : celle du Temps et celle des tons. On rencontre souvent, dans le monde et au théâtre, des hommes doués d'une grande facilité à chanter d'une manière mélodieuse ou à jouer harmonieusement, mais qui pèchent sans cesse contre les règles méthodiques du temps ; d'autres, ceux-ci sont en grand nombre, qui exécutant une sonate avec une précision admirable, négligent totalement l'harmonie des tons.

La musique, cet admirable langage du cœur, cette éloquente et chaleureuse expression de toutes les sensations fortes de la vie ; de toutes les langues humaines, la plus simple, la plus facile et aussi la plus énergique, fut inventée l'an 1800 avant J.-C. par Jubal ; pour mieux dire, Jubal le premier ramena à des principes les chants agrestes des bergers.

Guy Arétin, natif d'Arezzo, bénédictin et auteur du Traité de Musique intitulé Micrologus, nous paraît être le véritable père de la musique ; ce fut lui qui inventa, vers le XIe. siècle, les clefs et les six notes : *ut, ré, mi, fa, sol*, *la* (1). Lemaître, français de nom et d'origine, découvrit la fameuse note *si* qui compléta la gamme.

Lablache, trouvez-vous ce nom-là italien? Celui qui le porte est pourtant né à Naples en 1795, d'une mère *anglaise* et d'un père *français*. Lablache ayant montré, fort jeune, de grandes dispositions pour la musique, ses parens crurent, avec raison, servir sa vocation, en le faisant entrer au Conservatoire de la *pieta dei Turchini* (2) à Naples; ce fut là qu'il puisa les premiers principes de son art.

Ses dispositions étaient telles qu'il fut bientôt, quoiqu'enfant, en état de débuter sur le théâtre de *San-Carlino:* les encouragemens ne

---

(1) On a encore de lui une lettre que le pieux cardinal Balonius, confesseur de Clément VIII, a imprimée dans les *Annales ecclésiastiques.*

(2) Il prit plus tard le nom de San-Sebastiano.

L'éditeur.

lui manquèrent pas ; un brillant avenir s'ou-
vrait pour le jeune chanteur, lorsque, tout à
coup il perdit la voix.

« *Nel mondo non è felice, so non colui che
muore in fasce.* »

Quoique Lablache fut arrivé à cet âge critique pour les jeunes gens où la voix change
de nature, époque fatale en ce qu'elle vient souvent détruire bien des espérances, en ce qu'elle
change souvent en crécelle la voix la plus mélodieuse, Lablache, disons-nous, ne se décou-
ragea pas ; il se contenta de donner une autre
direction à ses études musicales, et il fit bien.
Il choisit le violon et la contre-basse, sur lesquels il s'exerça simultanément, et parvint,
en quelques années, à acquérir, sinon une
grande force, au moins un talent des plus
agréables.

Peut-être ce genre d'exercice, en lui dé-
couvrant les ressources de l'instrumentation,
contribua-t-il beaucoup à lui donner de l'a-
plomb.

Lorsque dame nature eut opéré sa révolution,
en d'autres termes, lorsque le rossignol Napo-
litain eut recouvré sa voix, il reprit ses études
musicales et les prolongea avec une persévérance digne des plus grands éloges, jusqu'à
vingt ans ou environ.

Vers 1815, il fut attaché au théâtre de Palerme, en qualité de seconde basse; cet emploi
se composait de rôles d'une importance assez
minime, tels qu'Elmiro, *d'Otello* ; Orbassan,
de Tancredi; Alidoro *de la Cenerentola*, etc.
Mais comme l'a dit un spirituel auteur dramatique, il n'est point de mauvais rôle pour
le véritable artiste; et nul ne saurait disputer
cette qualité à Lablache.

Lablache, qui renfermait en lui le germe
d'un talent sans égal, resta méconnu pendant
plus de cinq ans. Dieu sait ce qu'il serait de-
venu, si l'indolent Rossini, son compatriote,
ne lui eut procuré un engagement avantageux
avec l'Impresario de Rome, où il produisit le
plus grand effet. De ce moment datent ses premiers succès : il fut applaudi à Turin, admiré

à Milan, fêté partout. Sa marche vers la capitale du monde musical fut triomphale ; ses débuts, sur le théâtre de Naples, excitèrent le plus grand enthousiasme.

L'Italie entière lui décerna la palme et le proclama le premier *cantatore* du monde civilisé, le héros du chant.

En général nous nous défions de l'enthousiasme italien ; l'italien, ardent dans la haine comme en amour, est toujours exagéré dans ses premières impressions, et chez lui, la renommée

> . . . . Ce monstre difforme,
> Tout couvert d'oreilles et d'yeux.

a dû plus d'une fois, pour s'être avancée inconsidérément, détrôner le lendemain son favori de la veille ; mais il faut le dire, les applaudissemens donnés par toute l'Italie, à Lablache, ne nous semblent pas l'effet d'un engouement passager. Ses compatriotes en lui décernant le glorieux nom d'*Eroë del Canto*, se sont rendus les interprètes fidèles de tous les amateurs, de tous les musiciens doués de bon goût.

Cette voix, qui embrasse deux octaves pleins, ne vous semble-t-elle pas merveilleuse? Cette voix qui prend du *sol* grave jusqu'au *sol aigu* de poitrine, ferme et sonore, agile et gracieuse, puissante et expressive, ne vous remue-t-elle pas l'ame? On dit que ce qui la distingue encore de toutes les voix de basse, c'est l'intensité, le mordant et la flexibilité qu'elle conserve dans les tons de baryton, comme de *si* à *mi*. On dit encore que l'Italie, cette belle terre des virtuoses, n'offre pas d'exemple d'une réunion de qualités aussi rares dans ce genre de voix.

Lablache, ceci soit dit sans alarmer sa modestie, est un musicien aussi habile que profond; jamais, peut-être, chanteur ne donna des preuves d'une plus grande flexibilité de style :

Que ses accens sont ravissans !
Son talent qui commande en maître,

Par des sons peint tout à mes sens :
Tantôt l'enfer s'ouvre, et des ombres
J'entends gémir les antres sombres ;

Lablache sait rendre son style tour à tour large, grandiose, léger, brillant, tendre ou gracieux. Voyez la douleur qui s'agite et rugit ! Entendez-vous le ruisseau qui murmure, le rossignol qui chante ses amours : écoutez ! Voilà maintenant l'onde qui écume, l'orage qui grandit, le tonnerre qui gronde. Mon Dieu, quel homme ! Toujours sûr de l'intonation, Lablache ne hasarde rien qui ne soit avoué par le bon goût, et aussi parfaitement d'accord avec la phrase musicale. Virtuose vrai et chaleureux., l'expression de son chant est constamment entraînante.

C'est plus qu'un chanteur accompli, c'est encore un excellent musicien ; Lablache a tout pour lui : sa prononciation est excellente, son jeu de physionomie aussi mobile, aussi expressif que possible ; il chante et joue avec un égal succès l'opéra séria, semi-seria et buffa. Sans doute vous l'avez entendu rendre la scène *il di gia code* dans le superbe rôle d'Assur de *Semiramide*, où il s'élève au sublime ; peut-être connaissez-vous aussi la gaieté, l'abandon, la verve du bon *Geronimo* du *Matrimonio secreto*. Mais nous n'en finirions pas si nous analysions tous ses rôles; nous le répétons, Lablache est non seulement un grand virtuose, c'est aussi un grand comédien.

XXXII.

TONS.

Rossini.

Le chant est à la parole ce que la peinture est au dessin.

DE LEVIS.

Ce grand plaisir des intelligences élevées, ce mobile langage de l'ame, cette source abondante de chastes passions, la Musique, se compose de deux facultés, avons-nous dit dans le chapitre précédent: *la faculté du temps et celle des tons;* nous avons indiqué où siégeait la première, il nous reste encore à vous décrire la position organique de la seconde.

La faculté des Tons est située à l'extérieur
de celle du Temps, à l'angle extérieur du front,
au-dessus des organes du calcul et de l'ordre.
Lorsqu'elle est large, cette faculté présente
quelquefois, extérieurement, une forme trian-
gulaire pyramidale, quelquefois aussi, elle
arrondit l'endroit où elle est placée; cette conformation se trouve chez Mozart.

La faculté des Tons donne la perception de
la mélodie, mais la mélodie, tout agréable
qu'elle soit, n'est qu'un élément du talent pour
la musique. Le Temps est nécessaire pour la
perception juste des intervalles; l'Idéalité pour
l'élévation et le perfectionnement du jeu;
l'Imitation pour son expression; enfin la Constructivité, la Pesanteur, la Forme et l'Individualité sont indispensables pour suppléer à
l'habilité mécanique, sans laquelle il n'est
point et il ne peut y avoir de brillante exécution.

Rossini, qui n'a pas toujours été ce que
vous le voyez, gros et gras, montra dès sa plus
tendre enfance, un goût décidé pour la musique.

Doué, à un haut degré, de l'organe des
Tons, il consacra d'abord sa voix, belle et sonore, à louer le Très-Haut; en termes moins
pompeux, ses parens, pauvres villageois de
Pesaro, crurent bien mériter du ciel en lui
faisant endosser la soutanelle d'un enfant de
chœur.

Rossini entra plus tard au Conservatoire de
Naples, mais s'il faut en croire *certains mémoires*, il y apprit fort peu de chose; son
extrême facilité à saisir les rapports harmoniques, lui fit dédaigner les règles, tandis
qu'une étourderie jointe à une paresse chro-
nique l'empêchèrent de se livrer à aucun genre
d'études sérieuses.

A peine sorti de l'adolescence, Rossini quit-
ta le Conservatoire et, en véritable italien
qu'il est, il débuta dans le monde par la dissi-
pation et les plaisirs les plus déréglés.

Quel est l'artiste qui n'a pas ainsi commencé?

On dit encore qu'il s'engagea comme chanteur, mais qu'il n'eut point de succès; quoi-

qu'il en soit, il composa, à vingt ans, l'*Inganno felice,* qui fut joué, avec quelque succès, sur un des théâtres de Venise.

O Giorno felice!

Il Tancredi, l'Italiana in Algieri et *la Pietra del Paragone,* trois de ses meilleurs ouvrages, suivirent de près l'Inganno felice. La Pietra del Paragone, qui fut donnée, pour la première fois, à Milan, fut accueillie avec le plus grand enthousiasme par le public qui, dès lors, plaça le jeune Joachimo sur la même ligne que les très-illustres Cimarosa et Paësiello.

Les Italiens, nous l'avons dit précédemment, sont gens faciles à s'enthousiasmer pour tout ce qui offre quelqu'attrait nouveau; mais aussi, comme les Français, ils oublient le lendemain l'idole qu'ils encensaient la veille. En moins d'un mois Rossini devint le compositeur à la mode, les couronnes ne lui manquèrent pas! *Che maraviglia!* quelle merveille! disaient les brunes Italiennes, *che gloria!* répondaient les mélomanes; bref, Rossini fut l'idole du jour.

Dès lors chaque Directeur de théâtre voulut
le posséder à quelque prix que ce fût ; les plus
célèbres chanteurs et *les plus jolies cantatrices*
l'attirèrent auprès d'eux, pour partager ses
triomphes et pour avoir aussi leur part de
l'engouement de ce fantôme inconstant qu'on
nomme public.

> Monstre à cent voix, Cerbère dévorant,
> Qui flatte et mord, qui dresse par sottise
> Une statue, et par dégoût la brise. (1)

Rossini parcourut seize ans l'Italie, faisant
partout les délices des mélomanes et la joie des
impresarij, se brouillant aussi quelquefois
avec eux et avec le public, qui blâma souvent
son goût immodéré pour des plaisirs qui le
conduisaient presque toujours à négliger, à
mal remplir, même à rompre les engagemens
qu'il contractait.

---

(1) VOLTAIRE, *Épître* LXIV.

« Son indolence habituelle, dit un biographe, l'empêchait de se livrer à aucun travail
suivi. »

Doué comme M. J. Janin, d'une immense
facilité pour le travail, c'est au milieu des
joies du festin que Rossini a improvisé presque
tous les morceaux de ses opéras; c'est le verre
en main et l'estomac bien garni, qu'il les a
ensuite assemblés à la hâte, en y ajoutant, avec
la même rapidité, des accompagnemens qu'il
ne se donnait même pas la peine de relire avec
attention.

Pour consolider sa brillante réputation et
aussi pour faire oublier certaines escapades
que le public ne pardonne pas toujours, Rossini se mit un jour en tête de lutter avec Paësiello et Mozart, en refaisant le Barbier de
Séville et les Noces de Figaro.

« Les dilettanti, toujours outrés dans la
louange et dans le blâme, épuisèrent toutes les
formules d'éloges au sujet de ces opéras et de
plusieurs autres que Rossini donna ensuite;

«mais à moins d'être fasciné par l'engouement
de la mode, il est impossible, dit le dictionnaire des Contemporains, de ne pas reconnaître combien ce compositeur est au-dessous
de Paësiello pour la mélodie, et de Mozart
pour l'harmonie. » Ne pouvant faire mieux
que ses devanciers, Rossini, qui est évidemment un homme d'estomac et d'esprit, a fait
autrement, il s'est dit : aujourd'hui et avant
tout, on veut du nouveau, faisons du nouveau; il a fait du nouveau et, de plus, de
l'original; il n'en fallait pas tant pour réussir, aussi a-t-il complettement réussi. Cette
œuvre aimable et joyeuse de Beaumarchais,
le Barbier de Séville, déjà si défiguré en de-
venant *opéra buffa*, le fut bien davantage
encore pour permettre au *cigne de Pesaro*,
nous voulons dire à Rossini, d'y placer des
duos, des chœurs, etc.

« Le Barbier de Séville et les Noces de Figaro offrent, ainsi que toutes les autres compositions de Rossini, des traits d'un grand
génie ; des duos délicieux et des morceaux
d'ensemble d'un effet très-piquant. Le plus

grand nombre surprend souvent par l'originalité des combinaisons harmoniques, mais qui intéressent rarement et ne laissent guère d'émotions durables. D'ailleurs les opéras de Rossini manquent d'ensemble, et les airs vraiment originaux et d'une mélodie entraînante y sont assez rares. Ses ouvertures sont extrêmement faibles, et il n'en a pas même composé pour tous ses opéras. Ses prôneurs prétendent que c'est par paresse et qu'il ne veut pas s'en donner la peine; mais il est permis de croire qu'il ne se sent point en état de soutenir le parallèle, en fait de musique instrumentale et d'harmonie, avec les grands maîtres qui se sont beaucoup plus appliqués à bien faire qu'à faire vite. Aussi Rossini n'a-t-il point tenté de composer de la musique d'église, dont le caractère sévère exige d'autant plus de talent qu'il a moins de prestige pour séduire l'auditoire. Ce genre, le plus difficile de tous, a besoin du génie des Jumelli et des Mozart: il faut, pour y exceller, autre chose que des motifs brillans, de la vivacité et de la bizarrerie. Rossini se répète trop et néglige presque toujours la règle fondamentale de tous les beaux arts, c'est-à-dire

l'ensemble qui doit régner dans une composi-
tion regardée comme un tout dont les parties
s'enchaînent et se prêtent un appui mutuel
pour remplir le but que l'auteur doit se pro-
poser. Il est vrai que dans un opéra italien il
ne s'agit guère que de flatter l'oreille par quelques airs et des morceaux d'éclat que les Italiens écoutent exclusivement, le reste de la
pièce n'étant qu'un cadre auquel on ne fait
pas attention. Rossini a mieux rempli ce cadre,
en multipliant les morceaux qui fixent l'attention et en supprimant les longs et froids
récitatifs. C'est là son plus grand mérite.
Quant au reproche qu'on a fait à Rossini d'être
peu dramatique dans ses compositions, on
peut répondre que l'opéra italien étant en général la dégradation de l'art dramatique, ce
serait une contradiction de vouloir donner à
la musique de ce genre un caractère qui est
étranger aux paroles de ce qu'on appelle le
poëme. Le système italien ressemble à nos
pièces à tiroir ; leurs opéras ne sont que des
canevas, et les morceaux destinés à produire
des effets d'harmonie y sont à peu près déta-
chés les uns des autres. Amuser ou étonner,

voilà le but : l'esprit et la raison sont aussi étrangers aux *opéra buffa* et *seria*, que le chœur l'est à la plupart des morceaux d'éclat dont leur musique se compose. »

Outre les opéras dont nous avons donné les noms plus haut, Rossini a composé *Mosè in Egitto*, *la donna del Lago*, *Otello*, *la Cenerentola*, *la Gazza ladra*, *la Semiramide*, *l'Elisabetta*, *il Turco in Italia*, *Maometto secondo*, *Tancredi*, etc. qui tous ont eu un grand succès en Italie et en France.

Lorsque Rossini a quitté son chaud soleil de Naples pour venir à Paris, il y a été reçu avec un enthousiasme indescriptible, par tous nos jeunes mélomanes et, faut-il le dire, par ceux qui n'ont de mélomanes que le nom, mais qui s'extasient volontiers sur tout ce qui est à la mode. Rossini a été nommé, presque sur-le-champ, directeur de l'Opéra Italien ; aussi, et comme pour nous remercier de notre confortable *civility*, comme disent nos voisins de la Grande-Bretagne, Rossini a composé trois pièces pour notre grand opéra : le *Siège de*

Corinthe (1), le *Comte Ory* et *Guillaume Tell.*

La tête et la figure de M. Rossini ont de nombreux rapports phrénologiques et physio-

---

(1) Pourquoi toute cette belle foule qui a pris d'assaut la salle de l'Opéra ? Pourquoi cette attention si grande, suivie d'une admiration si sincère et si passionnée ? C'est qu'on joue un opéra de Rossini, un vieil opéra du grand maitre; c'est que tout ce qui vient de lui, sa moindre note jetée au hasard, la plus petite chanson improvisée en riant, est une fête pour ce public parisien qui l'aime de tout son cœur et qui l'invoque de toute son ame : Rossini, dont le travail a été notre joie et notre orgueil; Rossini, dont le repos nous attriste et nous désole; ce grand artiste, si insouciant de sa renommée, qui jette aux vents les plus belles années de son génie, qui aime mieux se promener sous les pâles rayons de notre soleil des boulevards, que de nous donner un autre chef-d'œuvre; Rossini, qui se perd chez nous à faire de l'esprit comme un oisif, à dire des bons mots comme un enfant, Rossini, qui s'use à des riens, lui qui aurait pu donner son nom à ce siècle, dont il est une des gloires les plus incontestables et les plus incontestées.

Un jour, on lui dit qu'il est attendu à l'Opéra pour la répétition du *Siége de Corinthe*, il répond : —*C'est bien !* Huit jours après, il va à la répétition, il écoute, il applaudit, il est ravi de nos chanteurs; l'orchestre se lève et le salue avec respect, puis, quand tout est fini, il s'en va en disant qu'il n'a pas besoin de revenir, que cela est chanté en toute perfection, et qu'il ne sait pas

gnomoniques avec Brillat-Savarin, Henrion
de Pansey, Grimod de la Reynière et même
avec Jean-Jacques Régis Cambacérès; chez cet

---

de plus grand orchestre dans le monde que l'orchestre de l'Opéra.
Parlez-moi d'un homme de ce génie pour découvrir tout d'un
coup le succès de son œuvre, le talent de son orchestre et le mérite de ses chanteurs !

Huit jours après, on jouait la reprise du *Siége de Corinthe*, et
l'exécution était telle que Rossini l'avait prédite. L'ouverture est
un des plus beaux chefs-d'œuvres écrits par l'auteur de *Guillaume Tell*. Le grand air et les chœurs du second acte sont
admirables. Quelle verve ! Quel éclat ! Quelle admirable facilité à
passer du grave au doux, du plaisant au sévère, et surtout que
d'idées nouvelles jetées çà et là, et avec quelle profusion ! Enfin,
tout le troisième acte est populaire, on le sait tout par cœur,
et il se trouve, au grand étonnement de la foule, que cette mu
sique qu'elle croyait avoir très-peu écoutée, elle la connaît
presqu'autant que l'ouverture et les grands airs de la *Gazza*.

Le succès de cette reprise a été non contesté et plein d'éclat,
et certes, il y a du mérite à réussir avec le plus stupide poëme
que jamais aient composé deux faiseurs de tragédies impériales.
Toute cette action inintelligible, mêlée de Grecs et de Turcs, de
chrétiens et de barbares, se passe entre trois à quatre toiles
qu'on baisse et qu'on élève pour ainsi dire au hasard, et sans
que personne, excepté le machiniste, puisse dire pourquoi. Cependant il y a un grand luxe, de magnifiques costumes et de su-

illustre compositeur, comme chez tous les
grands noms gourmands que nous venons de
citer, l'organe A, ou, si vous aimez mieux, la
sensibilité gastrique, est largement développée.
Trouvez donc une figure plus avenante, plus
envermillonnée, plus curiale; comparez cette
bouche, ces yeux, ce nez, à la bouche, aux
yeux au nez de M. l'abbé de la Mennais. Qui
des deux porterait mieux l'étamine? Qui des
deux soutiendrait mieux la vieille réputation
abbatiale?— Est-ce la Mennais? Est-ce Rossini?

Sans prétendre en rien influencer l'opinion
du lecteur, nous nous prononçons néanmoins
ouvertement pour *l'abdomen sphéroïde d'il*

---

perbes yatagans; et puis, comme disait Rossini, c'est là une
exécution excellente.

Ah! si le grand succès du *Siège de Corinthe*, si cette exécution
excellente, quoique improvisée, si cet orchestre aussi enthousiaste que le public, si les prières et les remontrances de ses
amis, si le soin de sa gloire, si tant de voix et tant de cœurs et
tant d'illustres théâtres qui lui disent: *Tu dors! et sauve-nous!*
pouvaient réveiller Rossini!

J. Janin.

signor Joachimo Rossini. En effet, à voir
l'embonpoint du célèbre *maëstro*, embonpoint
que la lithographie n'a pas rendu à son avantage ; à voir l'incarnat de ses joues, à voir cette
chaude et bonne passion du *dolce farniente*
infiltrée dans toutes les veines, dans tous les
artères de ce front large et quelque peu chauve,
en considérant attentivement l'amour du ma-
caroni et la quiétude qui respirent dans ses
yeux et ce je ne sais quoi de malicieux, pour
ne pas dire de satirique, exprimé par sa bouche
quelque peu *Rabelaisienne*; enfin, en analysant,
décomposant, recomposant, ligne à ligne, tous
les signes physiognomoniques de cet ensemble
si gracieux, si précieux, si italien, ne croirait-
on pas avoir sous les yeux l'ami, le paisible
Sancho du farouche Brian de Bois-Guilbert,
ce Templier maudit par la belle Rebecca, enfin
le révérend, le joyeux prieur Aymer du roman
d'Ivanhoé? — Voulez-vous completter l'illusion? Affublez d'une robe de bure ce corps
qui n'indique ni le jeûne ni les mortifications,
surmontez son chef d'une calotte de velours
bien crasseuse, dont les côtés, prolongés en
oreilles de chien, couvrent hermétiquement

et tiennent chaudes les oreilles ; limitez avec
une ceinture de corde, mais sans trop les
comprimer, les prédominans contours de cet
heureux ventre ; placez l'immortel compositeur en face d'un orgue bien harmonieux, le
rosaire en main, les yeux humides et doucement fermés, le nez au vent, aspirant, humant
les douces exhalaisons d'un pilau qui fume sur
une table voisine, vous aurez le plus ravissant
moine, *moiné*, *moinant* de toute la chrétienté,
qui plus est, un moine de génie ; quoiqu'en
dise l'auteur de Pantagruel.

Mon Dieu, quel physiologiste nous expli-
quera jamais les rapports secrets de l'abdomen
avec le cerveau, chez l'homme de génie !

XXXIII.

LANGAGE.

M. le Bon Silvestre de Sacy.

Cette faculté est la plus belle de toutes.

BOSSUET.

L'organe du langage est situé à la partie postérieure et transversale du plancher de l'orbite. Lorsque cette faculté est très-développée, elle pousse l'œil en avant et en bas, ce dont il est facile de s'assurer en jetant les yeux sur le type que nous avons choisi.

Les personnes qui ont cet organe très-prononcé s'expriment avec une grande facilité, on rencontre en général dans leurs discours et dans leurs écrits

> Ce tour heureux et rempli d'agrémens,
> Où la pensée est toute en sentimens.

Dieu vous garde d'un ami *dépourvu* de cette faculté du langage, *surtout s'il aime à parler*. « Pensez deux fois, dit Plutarque, avant de parler une. » Un tel ami mettra vingt fois par jour votre patience à bout, vingt fois par jour il vous répétera de sang-froid les phrases les plus futiles, les histoires les plus ridicules, le tout flanqué d'un style sans fin ni logique, par conséquent fort ennuyeux.

Personne n'est à l'abri de cette calamité,

> Et la garde qui veille aux barrières du Louvre
> N'en défend pas les rois.

aussi ne croyons-nous pas inutile de donner ici un procédé infaillible pour la combattre ; cet anti-hydrophobique, c'est le loto ? — Quoi, le loto, le plus soporifique des jeux ? — Justement ! le loto est un jeu assommant, mais la conversation d'un bavard dépourvu de l'organe du langage, qui cherche ses mots, hésite et bégaie ; qu'en dites-vous ? pour nous, nous pensons que l'un est bien préférable à l'autre.

Si vous jouez au loto, le bavard réclame tout d'abord *le plaisir* d'appeler les numéros, oui, le plaisir car pour lui c'en est un ; vous n'avez donc qu'à placer, premier agrément. Comme il n'a qu'un mot à dire, le bavard est bref, éloquent, imposant même ; deuxième agrément.

Si vous ne voulez pas qu'il s'exclame sur son malheur et qu'il trouble votre quiétude, vous le laissez gagner, troisième agrément. Le temps passe ainsi d'agrément en agrément sans que votre homme, qui tient à faire *quine,* ait trouvé le moyen de vous assommer d'un *ana* ou d'un *rebus,* ce qui n'est pas le moins agréable de tous les agrémens.

Comment trouvez-vous notre antidote ? vous conviendrez au moins qu'il est conforme aux principes *homéopathiques* ; nous en appelons à M. Michel Chevalier.

L'homme doué d'une organisation cérébrale renfermant à égales doses, nous voulons dire à égale proportion, le Langage, l'Idéalité et la Merveillosité, est, plus que tout autre, apte à comprendre et à rendre d'une manière convenable, poétique, ces sentimens qui élèvent l'ame au-dessus des idées ordinaires ; en un mot, le sublime. Ainsi, pour nous faire mieux comprendre, J.-B. Rousseau était évidemment sous l'influence de ces trois facultés, lorsqu'il a dit :

Qu'aux accens de ma voix la terre se réveille,
Rois, soyez attentifs, peuples prêtez l'oreille :
Que l'univers se taise, et m'écoute parler !...

Car il y a là une image sublime qui commande le respect, qui frappe d'étonnement le cœur le plus froid, l'esprit le moins enthousiaste.

Le plus célèbre Orientaliste de l'Europe, M. le baron Silvestre de Sacy, doué seulement de l'organe du Langage, aurait bien pu n'être jamais qu'un galant phrasiste ; mais entre les mille et une richesses de son organisation, se

sont heureusement trouvées très-développées
l'éventualité et la comparaison, deux organes
indispensables pour acquérir la connaissance
de l'idiôme maternel et plus particulièrement
celle des langues étrangères.

On lit dans le nouveau Manuel Phrénologique de Combes: « J'ai observé que les enfans
qui sont les premiers dans les classes pour les
langues, ont généralement les deux organes
(*éventualité*, *comparaison*) larges et que cette
disposition avec l'organe modéré du langage
est d'une plus grande utilité pour l'éducation
qu'un grand développement de la faculté des
langues avec des qualités médiocres de comparaison et d'éventualité. Ces individus ont
une grande facilité à se rappeler les règles,
comme matière de faits et de détail, à tracer
des étymologies et à établir des différences de
significations. Cette combinaison leur donne
une extrême promptitude à se servir de leurs
connaissances quelque étendues qu'elles puis-
sent être. »

« La signification des mots s'apprend par

d'autres facultés : par exemple , la langue nous
met en état d'apprendre et de nous rappeler le
mot *mélodie,* mais si nous ne possédons pas
la faculté des tons , nous n'apprécierons jamais
la signification attachée à ce mot par ceux qui
la possèdent à un haut degré. — Ce principe
écarte une difficulté apparente qui se présente
dans quelques cas. Une personne douée d'un
organe modéré du Langage apprend quelquefois par cœur des chansons , des morceaux de
poésie , des discours avec une grande facilité
et beaucoup de plaisir ; mais dans tous ces cas
on verra que les passages confiés à la mémoire,
intéressent puissamment l'idéalité , la causalité , le ton , la vénération , la combativité, etc.
Tandis que l'étude et le souvenir des mots
seuls sont difficiles et désagréables pour lui. »

Nous avons souvent remarqué , avec Georges Combes , que les personnes chez lesquelles
l'organe dont nous parlons est très-large, éprouvent une grande jouissance à se charger la
mémoire de mots , sans trop s'embarrasser de
leur acception. Aussi , est-il plus que probable
qu'un homme qui n'aura qu'un organe mo-

déré du Langage, mais qui possédera de bonnes facultés réflectives, pourra, à force de persévérance, devenir un savant polyglotte, mais nous doutons fort qu'il traduise jamais autant que M. le baron Silvestre de Sacy. Nous doutons encore qu'il atteigne dans sa langue ou dans un dialecte étranger, le style abondant, énergique, concis, pittoresque qui distingue les ouvrages de ce savant.

Il y a chez le vénérable M. de Sacy, plus de noblesse, de profondeur et de goût que dans le portrait précédent; nous en demandons très-humblement pardon à M. Rossini; mais il faut rendre à César ce qui est à César. Il y a aussi bien plus de chaleur, bien plus de sensibilité, qui plus est, une persévérance à toute épreuve, persévérance bien nécessaire dans la carrière que M. le baron Silvestre de Sacy parcourt avec tant de succès.

Tout ici, il faut bien le dire, est plus saillant, plus ferme, plus dur, si vous voulez, que dans le type précédent, et cependant l'ensemble de ce visage n'est pas moins doux, l'œil n'est pas moins bienveillant ; quelle différence dans la physionomie de cette figure comparée à celle qui suit.

Le contour seul du front dont le haut est, chez M. de Sacy, plus cintré que celui du grand compositeur italien, désigne évidemment un esprit plus subtil, une sagacité plus profonde, une pente d'idées plus sévères et pourtant quel aimable homme! et quel homme plus digne de nos sympathies, de notre admiration, de nos hommages et de tous nos respects !

Tout, même l'angle que forme la ligne inférieure du nez avec la lèvre d'en haut, indique chez M. Silvestre de Sacy, au plus haut degré, la bienveillance, la profondeur et l'élévation des sentimens.

M. le baron de Sacy est peut-être le seul homme auquel la destinée n'ait rien laissé à désirer; en effet, ne possède-t-il pas tout ce qu'un mortel, tout ce qu'un père ambitionne :

Des enfans dignes de lui !

FACULTÉS

RÉFLECTIVES.

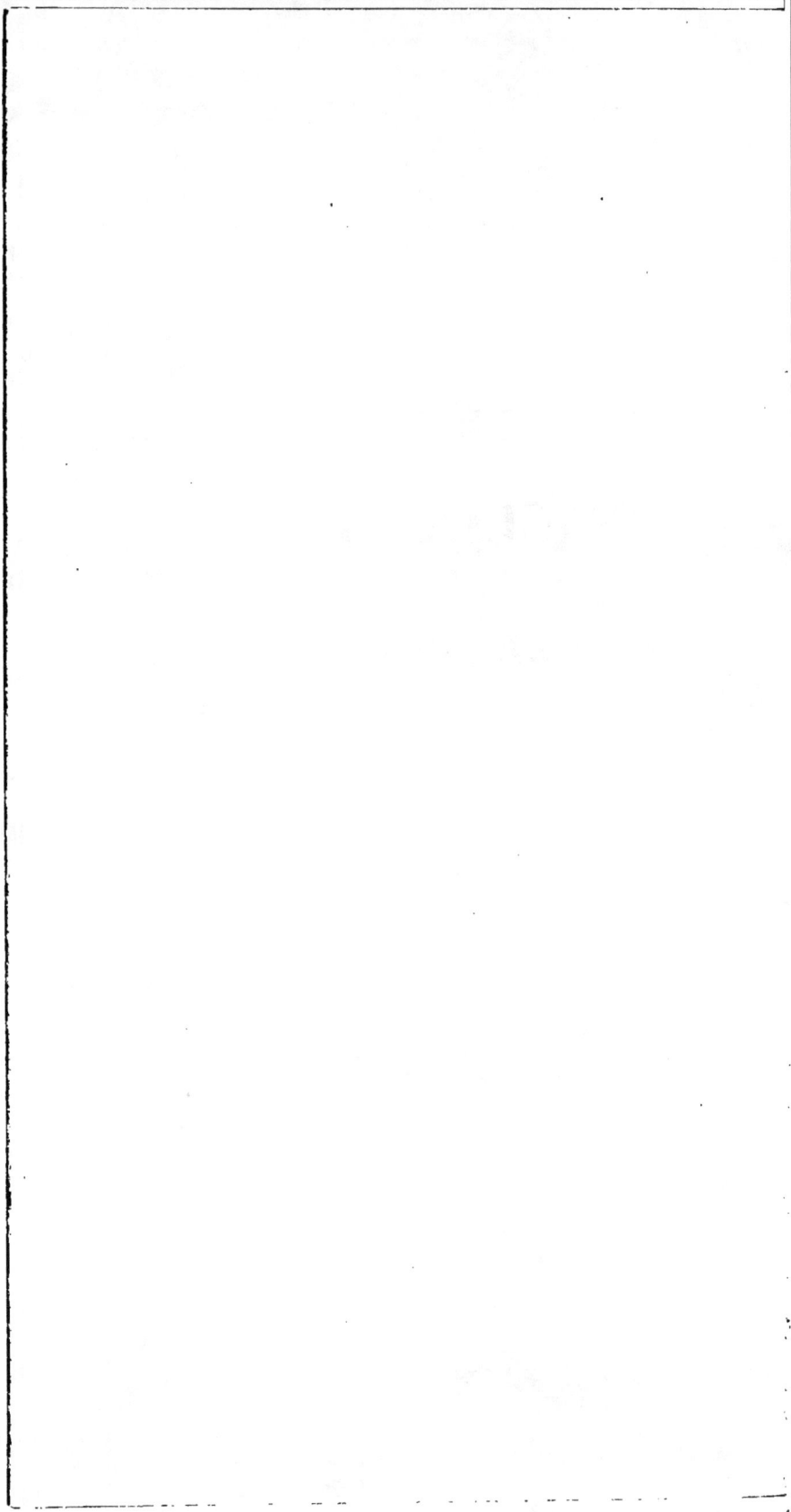

GENRE IIème.

FACULTÉS RÉFLECTIVES.

Ces Facultés constituent ce qu'on nomme
Raisonnement ou Réflexion.

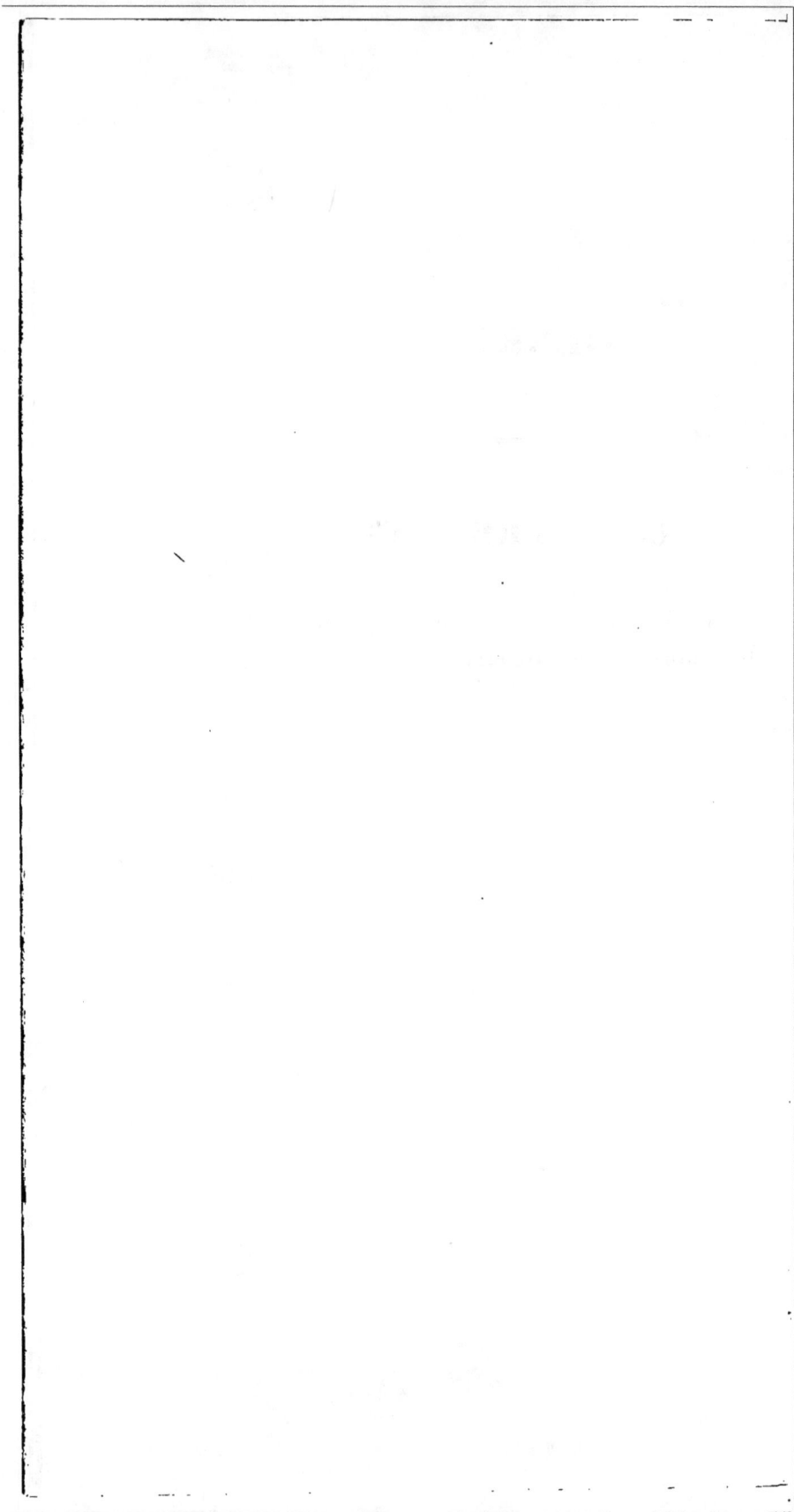

XXXIV.

COMPARAISON.

M. François de la Mennais.

Il est des orateurs qui loin de la nature,
Recherchent le brillant , les fleurs , l'enluminure.

J.-B. TOLLOT.

Lorsque l'organe de la Comparaison, qui aboutit à la partie moyenne de l'os frontal, est très-développé, comme chez le type que nous avons choisi, il forme une élévation pyramidale renversée.

Cette faculté, selon Spurzheim, compare les fonctions des autres facultés ; elle connaît leur similitude, leur analogie ou leur identité.

C'est cette faculté, selon lui, qui produit le sens figuratif du langage. Il faut cependant remarquer que les comparaisons que l'on fait, dépendent des autres facultés avec lesquelles celle-ci est combinée.

Le statuaire choisit de préférence ses comparaisons dans les formes ; le peintre, dans les couleurs ; l'historien dans les évènemens ; le prédicateur dans l'histoire sainte.

Démosthènes, Cicéron, Bossuet, Fléchier, Maury, Massillon, Fénélon, d'Aguesseau, Frayssinous, Lacordère, Foy, etc. enfin tous les bons orateurs, quel que soit leur genre, sont doués de cet organe.

Cette faculté de la Comparaison est particulièrement nécessaire aux prédicateurs; elle les aide à parler en similitudes, allégories ou paraboles ; elle leur facilite des rapprochemens, des comparaisons entre ce qui est spirituel et ce qui est terrestre.

De figures sans nombre elle offre la matière,
L'on ne s'égare point, marchant à sa lumière.

La Comparaison est encore nécessaire au discernement philosophique et fait distinguer entre les notions ; elle produit aussi l'esprit de généralisation et d'abstraction, et elle met en harmonie les fonctions des autres facultés.

La Comparaison est aussi l'art de toucher et de persuader; cette faculté s'alimente d'images fortes et naturelles, de sentimens pathétiques, de raisonnemens frappans, de comparaisons subtiles, de traits enflammés dont elle jette çà et là la surabondance.

Gall s'entretenait souvent de sujets philosophiques, avec un savant qui possédait une grande vivacité d'esprit et qui aimait à embarrasser l'aimable docteur. Souvent l'excellent homme se donnait au diable pour expliquer clairement ses raisonnemens au mal avisé savant, qui, heureux de pouvoir disputer sur la pointe d'une aiguille, feignait toujours de ne les pas comprendre ; d'abord le docteur Gall fut la dupe de cet innocent manége, mais bientôt il eut recours à la Comparaison et, par elle, il réduisit son adversaire au silence.

Si vous avez visité, lecteur, les beaux sites
de la Bretagne; si, dans les environs de la
Chesnaie, près Dinan, vous avez rencontré, un
livre en main, un homme tout vêtu de noir,
tout pensif, tout long, tout grêle, tout nerveux, tout chétif; si la figure de cet homme
était sillonnée par les veilles et les passions; si
son front était élevé comme le front d'un homme
de génie, si sa bouche était épanouie, si son
œil respirait la fierté et l'enthousiasme, vous
avez vu l'auteur de l'*Essai sur l'Indifférence en
matière de Religion*, l'homme le plus doué de
l'organe dont nous traitons, François-Robert
de la Mennais.

XXXV.

CAUSALITÉ.

L.-Geoffroy St.-Hilaire.

Felix qui potuit rerum cognoscere causas.

La Causalité, située à la partie antérieure de la tête, fait envisager tout ce qui existe dans la nature sous le rapport de causes et effets. L'homme doué de cette faculté demande toujours *Pourquoi?*

Ne confondons pas l'homme doué de l'organe de la *Causalité* avec ce qu'on nomme ordinairement *un questionneur;* un questionneur est quelquefois un homme d'esprit qui

cherche à s'instruire, mais le plus souvent
c'est un sot ou un fat qui interroge pour dire
quelque chose. Voltaire, qui a pu être un fat,
mais jamais un sot, étant encore fort jeune,
questionnait souvent ; il voulait s'instruire.
Boileau lui ayant reproché avec aigreur, cette
espèce d'indiscrétion, on ne l'entendit plus
questionner. Dans un âge plus avancé, Voltaire avait pris lui-même les questionneurs
tellement en aversion, qu'il lui arriva souvent
dans sa retraite de Ferney de se lever et de
quitter brusquement la place pour se soustraire
aux questions.

Il disait un jour à un habitant de Genève,
qui lui avait fourni l'idée et le modèle du
Bailly questionneur dans le *Droit du Seigneur*.
« Monsieur, je suis très-aise et très-honoré de
» vous voir ; mais je vous avertis que je ne
» sais rien des choses sur lesquelles vous allez
» me questionner. »

Ne confondons pas non plus l'homme doué
de l'organe de la Causalité, avec le bavard,
cette variété du bel esprit.

Jamais un grand parleur ne fut homme de sens ; (1)

au contraire, l'homme doué de l'organe de la Causalité est toujours

. . . . Sobre en ses discours
Et croit que les meilleurs sont toujours les plus courts ;.
Que de la vérité l'on atteint l'excellence
Par la réflexion et le profond silence. (2)

L'homme doué de Causalité est ordinairement, comme M. Geoffroi Saint-Hilaire, un homme d'esprit, un philosophe profond ; en effet, qu'est-ce que la *philosophie?* la science de connaître les choses d'après leurs causes et leurs effets.

— Qu'est-ce que la *Causalité?* une faculté à l'aide de laquelle on connaît les choses d'après leurs causes et leurs effets.

La Causalité force l'homme à admettre une

---

(1) P. CORNEILLE (suite du Menteur).
(2) DESTOUCHES.

(*L'éditeur*).

cause finale, mais elle ne la fait pas connaître.
Tout ce qu'il peut savoir à cet égard, se
borne aux causes secondaires. « Plusieurs phénomènes sont inséparables l'un de l'autre, alors
l'esprit humain considère le précédent comme
cause, et le succédant comme effet. »

Cette faculté, que quelques phrénologistes
font correspondre à peu près à la *Suggestion
relative* du docteur Brown, ou si vous aimez
mieux, au *Pouvoir raisonnant* de Locke,
est de la plus haute importance dans toutes
les situations pour se rendre compte de ce qui
arrive. C'est elle qui nous imprime l'irrésistible conviction que tout phénomène, tout
changement dans la nature a son but, et qu'il
est produit par quelque chose. C'est elle qui
nous conduit ainsi et comme par la main jusqu'à la cause première de toutes choses.

Pour nous résumer : la Causalité qui n'est
point l'amour de *causer*, comme quelques
beaux esprits affectent de le croire, ou peut-
être comme on le croit réellement dans le
monde, donne une pénétration profonde, et la

perception des conséquences logiques et des argumens. Cette faculté est grande chez ceux qui ont, comme Buffon, Lacépède, Cuvier, Geoffroy Saint-Hilaire, Orfila et autres, un génie acquis pour les sciences naturelles.

Le Socratisme, le Syréanisme, le Mégarisme, le Platonisme, le Péripatétisme, le Sémianisme, l'Éléatisme, l'Héraclitisme, l'Épicuréisme, le Pirrhonisme, le Scepticisme, le Stoïcisme, la secte Ionique, celle des Pythagoriciens, qui n'est pas la moins sage de toutes les sectes qui ont existé chez les anciens, enfin toutes les philosophies soit anciennes, soit nouvelles, sont antées sur la Causalité.

Est modus in rebus; sunt certi denique fines,
Quos ultra, citraque nequit consistere rectum (1).

dit Horace dans sa satire première. Ces deux vers sont ici à leur place, car si la Causalité

_____

(1) Il y a en tout des limites dont on ne peut s'écarter sans s'égarer.

L'Éditeur.

TOME II.   18

est trop active et non combinée avec la raison,
si elle n'est pas assistée par l'éventualité, elle
produit la manie de vouloir tout pénétrer, tout
expliquer.

A tout prendre, M. Etienne-Geoffroy Saint-
Hilaire, bien qu'il possède l'union des facultés
perceptives qui constituent l'esprit philosophique (particulièrement l'individualité et
l'éventualité), M. Saint-Hilaire, disons-nous,
n'est pas un philosophe, au moins n'a-t-il rien
de commun

Avec tous ces Messieurs qui, fiers de leur raison,
Se croyant appelés à réformer la terre,
A tous les préjugés ont déclaré la guerre.
Petits pédans obscurs, qui pensent à la fois
Eclairer l'univers, et régenter les rois;
Fanatiques d'orgueil, dont la folle manie
Est de se croire un droit exclusif au génie;
Flatteurs en affichant le mépris des grandeurs;
De tout ce qu'on révère audacieux frondeurs;
Pleins de crédulité pour des faits ridicules,
Et sur tout autre objet sottement incrédules;
Pensant que rien n'échappe à leurs yeux pénétrans,
Prêchant la tolérance, et très-intolérans;
Qui, sur un tribunal érigé par eux-mêmes,

Jugent tous les talens en arbitres suprêmes;
De quiconque les flatte orgueilleux protecteurs,
De quiconque les brave ardens persécuteurs;
Enfin, du monde entier s'arrogeant les hommages,
Pour avoir usurpé la qualité de sages (1).

Si vous voulez savoir de quelle nature est la philosophie de cet homme illustre, si vous voulez connaître jusqu'à quel point il est doué de l'organe de la Causalité, lisez ses mémoires sur la Zoologie et l'Anatomie comparée, dans la Décade philosophique des Sciences et des Arts, dans le Magasin encyclopédique, dans la Décade Egyptienne imprimée au Caire, dans les annales et les mémoires du Muséum d'histoire naturelle, dans le Journal complémentaire du Dictionnaire des Sciences médicales, dans les bulletins de la société Philomatique, enfin dans tous les recueils scientifiques de nos jours.

Lisez surtout, si vous voulez bien vous convaincre que M. Geoffroy Saint-Hilaire est doué

_____

(1) Palissot, Les Philosophes.

à un haut degré de l'organe dont nous traitons,
sa Philosophie Anatomique, ouvrage rare dans
lequel, avec la vigueur d'un génie puissant, il
démontre si bien qu'il y a pour tous les animaux un plan commun d'organisation. Dans
ce livre, qui est un des plus lucides que nous
connaissions, M. Saint-Hilaire a posé des principes et des règles d'investigation dont on a
recueilli de nombreux et grands avantages ; il
déploie là toute sa méthode, méthode divine,
puissante, logique s'il en fut, qui a ramené à l'u-
nité les faits qui semblaient le plus s'en écarter ;
et qui a fait découvrir, par une seule pièce, le
plan général et si admirable de la création.
Vous tous qui aimez à vous instruire ; vous
tous qui, entrainés par cette grande passion,
la *Causalité,* demandez sans cesse à la nature
le secret de ses mouvemens les plus intimes,
ouvrez la Philosophie Anatomique, elle vous
initiera dans quelques-uns des plus grands
mystères de la vie et de l'animalité.

La délicatesse du contour du front de
M. Geoffroy Saint-Hilaire, indique selon Lavater, un jugement sain, pénétrant ; phréno-

logiquement parlant, la Causalité. La bouche
renferme une expression indéfinissable de douceur et de précision ; la liaison de la bouche
avec le menton annonce une grande fermeté.
On peut hardiment déduire de l'ensemble du
visage du noble savant qu'il possède, comme
le poète Béranger, le calme de l'ame, la pure-
té, la fermeté du cœur, et, chose assez rare,
la modération dans les désirs.

Honneur à celui qui a bravé Collot-d'Her-
bois, Billaud-Varenne, Maillard ! Honneur
à qui a sauvé Haüy ! Honneur à qui a deviné
Cuvier ! Honneur au propagateur de la Zoologie en France !

OBSERVATION CURIEUSE

SUR LES

FACULTÉS FONDAMENTALES

DE

L'ESPRIT HUMAIN ET LEURS ORGANES.

———— ◆ ————

En résumant les facultés fondamentales, il est curieux de voir que ces organes des facultés animales sont situés au bas de la tête, et ceux des facultés supérieures, plus haut, en raison

de leur excellence; de sorte que les organes
des facultés propres à l'homme aboutissent à
la partie supérieure antérieure de la tête. En
outre, les organes des facultés analogues sont
placés ensemble, tels que ceux des penchans,
des sentimens, des facultés perceptives et des
facultés réflectives. Ceux qui s'assistent mu-
tuellement sont voisins l'un de l'autre. La
Combativité est entre la Philogéniture, l'Affectionivité et la Destructivité; l'Affectionivité
est à côté de l'Approbativité, la Fermeté est
liée à l'Estime de Soi, la Conscienciosité et la
Vénération; les sentimens religieux et moraux
se touchent; les facultés théâtrales sont placées
ensemble, à l'angle et au bord extérieur de l'os
frontal. Les organes sont plus ou moins volu-
mineux; et leur sphère d'activité correspond à
leur développement dans le même individu;
les organes des facultés communes aux animaux
et à l'homme sont plus considérables que ceux
des facultés propres à l'espèce humaine; et
l'énergie des premiers l'emporte incontesta-
blement dans la plupart des humains. Enfin;
un changement organique en faveur des facultés supérieures est une chose désirable aux

yeux de ceux qui sont convaincus de l'influence de l'organisation cérébrale sur les fonctions affectives et intellectuelles.

G. SPURZHEIM.

VENDÔME. — IMPRIMERIE DE MARTIN-TEXCIER.

TABLE DES MATIÈRES

CONTENUES

DANS LE SECOND VOLUME.

SECTION DEUXIÈME.

SPÉCIALITÉS MENTALES.

APPLICATION DES PRINCIPES PHRÉNOLOGIQUES
ET PHYSIOGNOMONIQUES.

ORDRE II^c.

FACULTÉS INTELLECTUELLES.

FIN DE LA TABLE DU DEUXIÈME VOLUME.

ERRATA.

TOME PREMIER.

Pages	Ligne.	Au lieu de :	Lisez :
IX	20	théâtres	théâtre
X	6	que j'ai pillés?	que j'ai pillés !
2	6	que de certaines bosses	que certaines bosses
25	15	fussent	fûssent
31	4	comme en Allemagne.	comme en Angleterre, en Amérique, en Russie, et dans quelques parties de l'Allemagne
55	7	de la sagesse et de la vertu	de la sagesse et de la vertu?
		sans s'en douter ce langage éloquent?	sans s'en douter ce langage éloquent.
41	7	sa surface,	sa surface;
45	21	il s'articulent	il s'articule
75		penchant	penchant
92		murida aupellex	munda supellex
94		Husland	Hufeland
101		situé entre la protubérance	situé devant la protubérance

287   ERRATA.

Page.	Ligne.	Au lieu de :	Lisez.
106	18	pécuniers	pécuniaires
108	Note.	qu'il enterrait	qu'on enterrait
118		des Malherbe	des Malesherbes
140	9	l'affectionivité n'est plus muette	l'affectionivité n'existe plus
144	Titre courant.	affectioninité	affectionivité
154		vous fera douter de sa sincérité, si Dieu vous et	vous fera douter de sa sincérité. Si Dieu etc.

Lith. de J. Desperius, Pont-neuf 15.

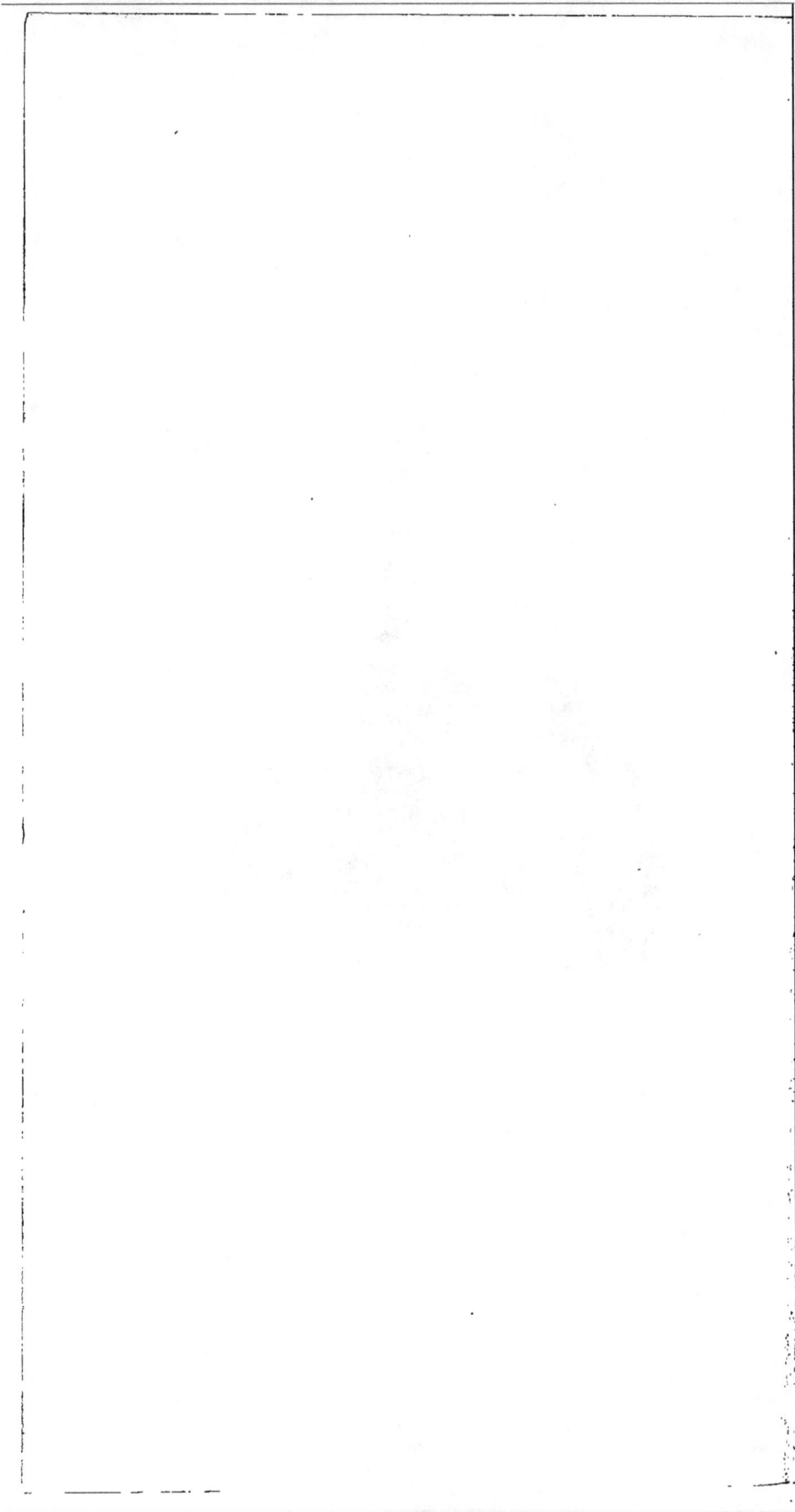

I.

F

E

G

A

L

I

H

B

J

D

J C K

H L

I D B

E E

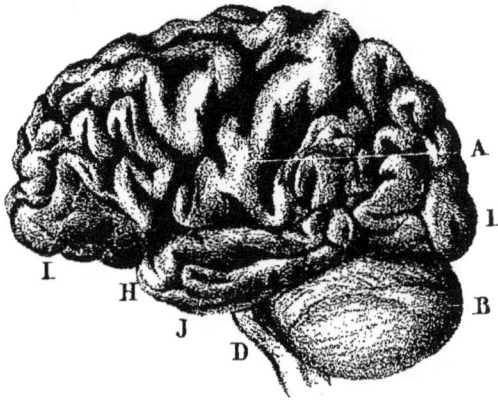

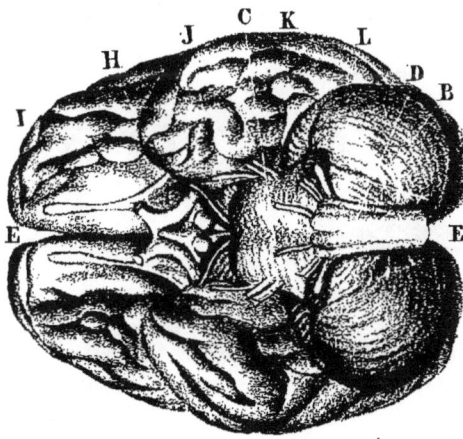

Lith. de J. Desportes, Pont-neuf, 15.

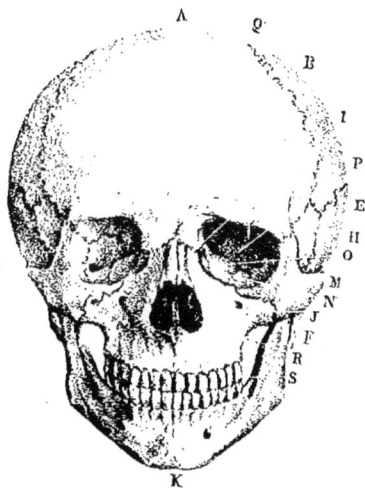

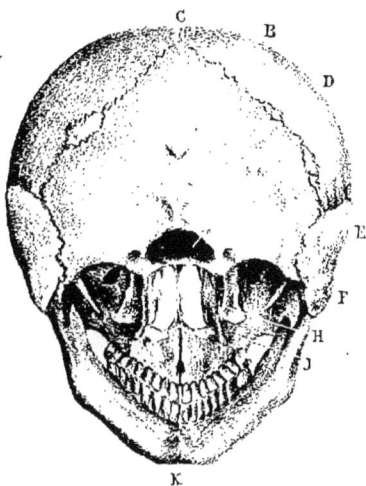

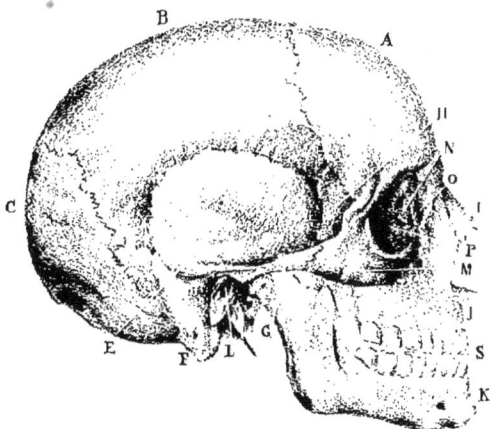

Lit. de J. Desportes Pont neuf

II.

Lith. de J. Desportes, Pont-neuf. 15.

Lith. de J. Desportes, Pont-neuf. 15.

Lith.de Desportes, Pont Neuf. 15.

P. X.

Lith. de J. Desportes, Pont-neuf, 15.

VI.

Lith. de J. Desportes, Pont-neuf, 15.

7.

Lith de J. Desportes, Pont-neuf, 15

7.

J. R. de J. Desportes. Font-rural. B.

IX.

Lith. de J. Desportes, Pont-neuf, 1.

Lith de J. Desportes, Pont-neuf, 15.

XI.

Lith. de J. Desportes, Pont-neuf, 15.

XII.

Lith. de J Deportes Pont-neuf 15.

Lith. de J. Desnoues Pont-neuf 15.

Lith de J. Desmates, Pont-neuf, 35

XVII.

Lith. de J. Desportes, Pont-neuf, 15.

Lith de J Desportes Pont-neuf. 15.

XIX.

Lith.de J. Desportes, Pont-neuf. 15.

V.

Lith. de J. Desportes Pont-neuf. 15

Lith. de J. Desportes, Pont-neuf, 15

Lith de J. Desportes, Pont-neuf

Lith. de J. Desportes, Pont-neuf.15.

XXV.

XVI.

Lith. de J. Desportes Pont-neuf. 15.

Lith. de J. Desportes, Pont-neuf 15.

Lith. de J. Desportes, Pont-neuf, 15.

Lith. de J. Desportes Pont neuf 15.

Lith de Desportes, Pont-neuf. 15.

Lith. de J. Desportes, Pont-neuf. 15

Lith de Desportes, Pont-neuf, 15

XXXIV.

Lith de J Desportes. Pont-neuf 15

LXXXV.

Lith. de J. Desportes Pont-neuf 15.

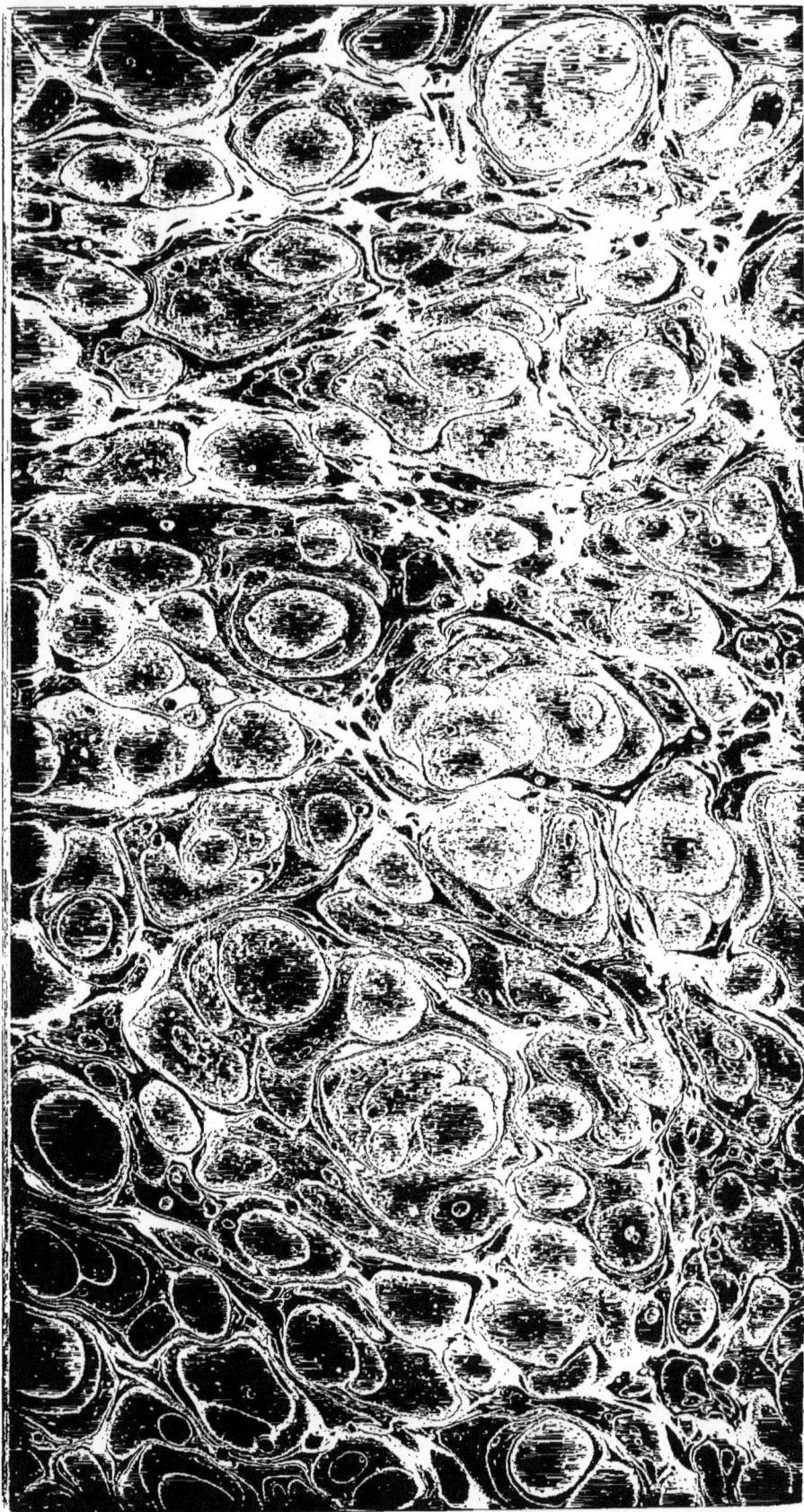

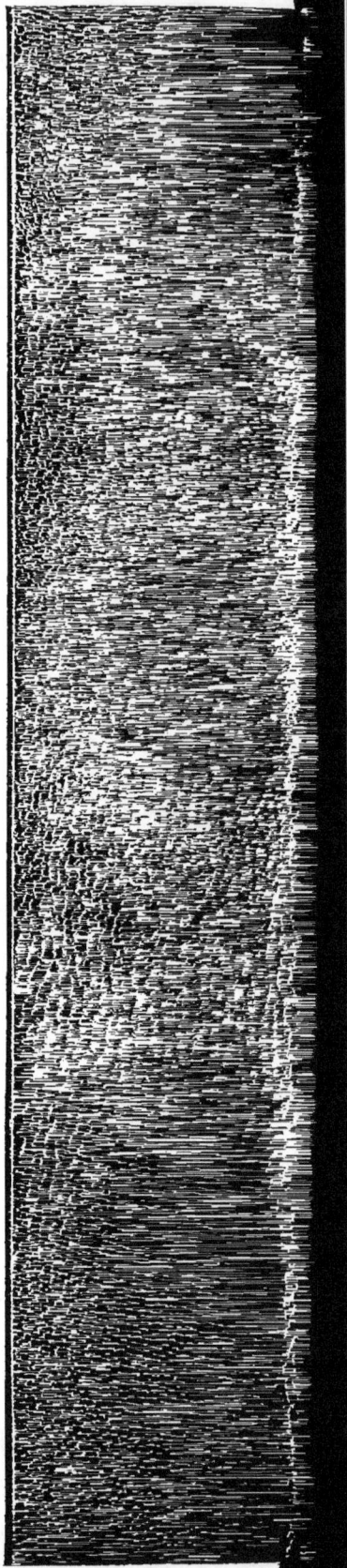

www.ingramcontent.com/pod-product-compliance
Lightning Source LLC
Chambersburg PA
CBHW060119200326
41518CB00008B/867